Die CD-ROM

Checkliste

- Briefing
- Aufgaben delegieren
- Konzeption

Arbeitsanleitungen

- Arbeiten Sie Ihre Initialidee aus.
- Bilden Sie sinnvolle Kundengruppen.

Textbausteine/Response

- Erinnerungskarte
- Coupon
- E-Mail-Erinnerung
- Umschlagtext

Musterbriefe

- Anschreiben aus Kundenperspektive
- Befristetes Angebot
- Einladung an Pressevertreter

und viele mehr

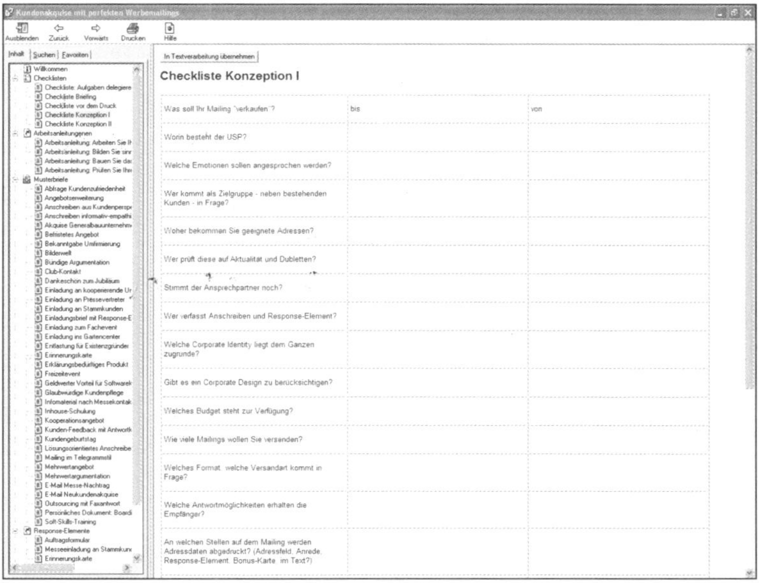

Screenshot der CD-ROM: Zahlreiche Muster für Werbebriefe und Ideen für Konzeptionen unterstützen Sie bei Ihrem gelungenen Werbeauftritt.

Bibliografische Information Der Deutschen Bibliothek

Die Deutsche Bibliothek verzeichnet diese Publikation in der Deutschen Nationalbibliografie; detaillierte bibliografische Daten sind im Internet über http://dnb.ddb.de abrufbar.

ISBN 978-3-448-08745-1 Bestell-Nr. 00021-0002

1. Auflage 2005 (ISBN 3-448-86547-1)
2., aktualisierte und erweiterte Auflage 2009

Redaktionsanschrift: Postfach 13 63, 82142 Planegg/München
Hausanschrift: Fraunhoferstraße 5, 82152 Planegg/München
Telefon (089) 8 95 17-0, Telefax (089) 8 95 17-2 50
Lektorat: Jasmin Jallad

Idee & Konzeption: Dr. Matthias Nöllke, Textbüro Nöllke München
Buchgestaltung: Barbara Loy, 80689 München
Redaktion und DTP: Text+Design Jutta Cram, 86157 Augsburg
www.textplusdesign.de
Umschlaggestaltung: fuchs-design, 81671 München
Druck: Schätzl Druck, 86609 Donauwörth

Alexander Jürries

Kundenakquise mit Werbebriefen – einfach (und) überzeugend

Inhalt

Einführung

In einer Zeit, in der Produkte und Unternehmen immer vergleichbarer werden, ist es wichtig, Profil zu zeigen und Sympathien zu gewinnen. Neben den anderen Sparten der Unternehmenskommunikation bietet sich dazu besonders die direkte Ansprache des Kunden an, sei es im persönlichen Gespräch oder durch einen Brief. Der Brief weist dabei viele Vorteile auf: In ihm können die Gedanken reifen, Argumente gesammelt und gewichtet werden. Er kann informative und emotionale Höhepunkte setzen und vermittelt das Wesentliche in weit kürzerer Zeit, als dies in einem persönlichen Gespräch möglich wäre.

Wie Sie Ihre Botschaft überzeugend verfassen und emotional punkten, zeigt Ihnen das vorliegende Buch auf Grundlage kommunikationspsychologischer Erkenntnisse. Vermitteln Sie bewusst, wer Sie sind, wie Sie zum Empfänger stehen, was Ihr Produkt kann und welche Reaktion Sie erwarten. Ein Dialog in Augenhöhe überzeugt mehr als werbliche Gemeinplätze oder der „Beschuss" mit rationalen Fakten. Die zentralen Aussagen dieses Buches sind dabei auch auf andere Kommunikationsmedien übertragbar, wie z. B. Broschüren- und Internettexte.

Zur einfacheren Lesbarkeit wird meist die traditionelle männliche Grundform verwendet, z. B. Kunde, Empfänger, Leser etc. Der Autor möchte daher an dieser Stelle ausdrücklich darauf hinweisen, dass die weiblichen Beteiligten selbstverständlich stets gleichermaßen gemeint sind. Die Namen der Firmen und Personen in den Beispielen sind frei erfunden. Die Beispiele dienen lediglich der Veranschaulichung der vermittelten Inhalte.

Bleibt mir, Ihnen viel Erfolg mit Ihren individuellen Kundenanschreiben zu wünschen. Dieser wird sich in dem Maße einstellen, wie Sie „für Ihre Kunden" schreiben!

Alexander Jürries, im Januar 2009

Warum gerade Werbebriefe?

Sie haben eine Botschaft und fragen sich, welches Medium Sie dafür nutzen sollen. Immerhin stehen heute einige Möglichkeiten zur Auswahl. In diesem Kapitel erfahren Sie in aller Kürze, welche Vorteile der Werbebrief als Kommunikationsmedium in sich vereint. Die häufigsten Einsatzzwecke sind dabei

- Akquise,
- Kundenpflege und
- Information.

Im Jahr 2005 wendeten Unternehmen in Deutschland rund 32 Mrd. Euro für Direktmarketing auf, was einem Anstieg gegenüber 2002 von etwa zehn Prozent entspricht. Adressierte Werbesendungen (inklusive Kataloge und Prospekte) binden dabei mit knapp zwölf Mrd. Euro etwa 37 Prozent aller Direktwerbeaufwendungen. Damit stellen Werbebriefe neben Anzeigen (ca. 13 Mrd. Euro) und Messen/Events (ca. zehn Mrd. Euro) eine der drei größten Positionen in den Medienausgaben. Diese Zahlen der Studie Direktmarketing Deutschland 2006 der Deutschen Post AG veranschaulichen, dass der Werbebrief auch in Zeiten des Internets (Internet- und Bannerwerbung ca. sechs Mrd. Euro; E-Mail-Marketing 1,2 Mrd. Euro) eine zentrale Rolle im Direkt- oder Dialogmarketing einnimmt. Die Novelle des UWG (Gesetz gegen den unlauteren Wettbewerb) 2004 erschwerte zudem die Kaltakquise per E-Mail, Fax und Telefon, wodurch die Kundenakquise durch Werbebriefe zusätzliche Bedeutung gewann.

Wo liegen die Stärken des Werbebriefs?

Nach wie vor bieten Werbebriefe, auch Direct Mailings oder kurz Mailings genannt, ein günstiges und effektives Medium, um Ihre Bestandskunden erfolgreich zu pflegen und neue Kunden zu gewinnen. Gegenüber den Alternativen Fax, E-Mail, SMS, Flugblatt, PR-Artikel, Anzeige, Plakat, Telefonmarketing und Website hat ein Werbebrief folgende entscheidende Vorteile:

- Sie sprechen Ihren Kunden persönlich an. Zugleich bündeln Sie Ihre Botschaft auf die potenziellen Interessenten. So vermeiden Sie die Streuverluste von Massenmedien.

- Während PR-Maßnahmen Imagebildung und Bekanntheit unterstützen, formulieren Sie in Ihrem Werbebrief ein konkretes Angebot, das Ihnen Umsatz generieren soll.

- Mit einem Brief bedrängen Sie Ihren Kunden nicht. Er muss nicht spontan auf Fragen reagieren, muss sich weder rechtfertigen noch gegenüber einem Verkaufsprofi durchsetzen. Der Kunde bleibt Herr der Situation und kann „unbeeinflusst" entscheiden.

- Gegenüber anderen Anschreibeformen besitzt der Werbebrief die höchste Wertigkeit. Er kann nicht mit einem Klick gelöscht werden wie eine E-Mail und erfordert keinen Internetzugang. Mit der Zunahme von unangeforderten Werbe-E-Mails (Spam) steigt die Neigung, E-Mails im Zweifelsfall zu löschen. Eine Untersuchung des renommierten Massachusettes Institute of Technology (MIT) in Boston sieht die Grenze der Belastbarkeit bei 30 E-Mails täglich.
- Ein Werbebrief hat durch seine Gestaltung ein eigenes Profil. Trägt er gar eine Briefmarke und eine persönliche Unterschrift, so signalisiert er, dass jemand einen gewissen Aufwand betrieben hat, um den Empfänger zu erreichen. Die Wertigkeit kann durch Aufmachung, Format und Beilagen gesteigert werden. Bilder, Beilagen und Antwortkarte wecken Interesse und informieren über das Produkt.
- Mit einem Werbebrief gehen Sie direkt und aktiv auf den Kunden zu, während Ihre Website, Ihre Anzeigen und Plakate passiv darauf warten, dass ein potenzieller Kunde Notiz von ihnen nimmt. Dadurch vermitteln Werbebriefe auch eine stärkere Präsenz und Dynamik.
- Werbebriefe lassen sich abheften, wenn aktuell kein Bedarf gegeben ist, das Angebot an sich aber interessant erscheint. So kann der Empfänger auch später noch auf Ihre Leistungen zurückgreifen, z. B. wenn er sein bereits geplantes Bauvorhaben beginnt.
- Werbebriefe können mit vergleichsweise geringem Aufwand realisiert werden. Denken Sie nur an die Kosten für Kundenbesuche oder für einen einmaligen Spot im Regionalfunk. Geringe Kosten bedeuten geringes Risiko.
- Durch die Auswertung des Rücklaufs können Sie hinterher exakt ermitteln, welches Mailing bei welcher Zielgruppe besonderen Erfolg hatte, und legen so den Grundstein für weitere erfolgreiche Aktionen.

Gute Gründe also, dieses starke Marketinginstrument für Ihren Unternehmenserfolg einzusetzen. Doch dabei gibt es viele Fallstricke, die den Erfolg der Aktion gefährden, denn Planung und Durchführung erfordern sehr viel Sorgfalt und Aufmerksamkeit. Dieses Buch vermittelt praxisnah und übersichtlich alles, was für die erfolgreiche Durchführung einer Mailing-Aktion wichtig ist.

Der Werbebrief: vielseitig und zielgenau

Werbebriefe enthalten stets ein konkretes Anliegen. Der Empfänger soll ein Produkt kaufen, Mitglied werden, an einem Spiel teilnehmen, einen Termin vereinbaren, etwas spenden, den Absender auf der Messe besuchen etc. Mit einem beigelegten Antwortfax, Bestellschein, Spendenträger oder Teilnahmeformular wird dem Empfänger das Reagieren leicht gemacht.

Neben diesen response-orientierten Direct Mailings gibt es auch Anschreiben mit eher informativem Charakter. in solchen Fällen sollen Neuerungen bekannt gemacht werden, gute Kunden erhalten eine Aufmerksamkeit, es wird zu einer Veranstaltung eingeladen oder der neue Ansprechpartner im Unternehmen stellt sich den Kunden vor.

BEISPIEL **INFOBRIEF ZUM FIRMENUMZUG**

Sie geben allen Bestandskunden Ihre neue Anschrift bekannt und bitten um Aktualisierung der Kontaktdaten. Dabei können Sie auch gleich zu einem Tag der offenen Tür einladen, damit die Kunden schnell mit den neuen Räumlichkeiten vertraut werden.

Dieses Buch bezieht sich vorrangig auf Werbebriefe mit Antwortmöglichkeit. Die Empfehlungen und Tipps gelten jedoch weitgehend auch für Info-Mailings, denn eine positive Reaktion wird auch hierbei angestrebt, wenn auch nicht so „abschlussorientiert“.

VERKAUFEN IST NICHT ALLES BEISPIEL

Als Anbieter von hochwertigen Produkten wie edlem Schmuck werden Sie kaum jemanden dahingehend ansprechen, dass er die Ware per beiliegendem Bestellformular direkt ordert. Sie werden vielmehr zu einer Vernissage einladen, bei der Interessenten in aller Ruhe die Exponate betrachten und sich kompetent beraten lassen können.

Die überwiegende Zahl von Werbebriefen strebt in der Kundenakquise eine positive Reaktion an: „Ja, ich will das haben und bestelle!" Doch das wird Ihr potenzieller Kunde nur dann tun, wenn Sie einen Bedarf bedienen oder wecken! Erst wenn der Empfänger tatsächlich reagiert, kann man von einem erfolgreichen Werbebrief sprechen.

Auf diesem Weg wird Sie dieses Buch begleiten, von der fundierten Planung und den Grundlagen für einen Erfolgs über die Formulierung bis hin zur Checkliste vor dem Druck. Neben sprachlichen und strategischen Details kommt der Leserperspektive besondere Bedeutung zu – schließlich wird Ihr Schreiben aus genau dieser Position wahrgenommen. Dazu bedarf es allerdings eines überzeugenden Zusammenspiels von Firmencredo, inhaltlicher Aussage und stilistischem Auftreten.

Dieser Ratgeber ist gedacht als beruflicher Begleiter für den (angehenden) Profitexter in der Agentur ebenso wie als Leitfaden für den Do-it-yourself-Texter im Unternehmen, der oft zugleich der Chef ist. Ein echtes Beraterbuch also für Praktiker und Macher.

ACHTUNG

MUSTERBRIEFE DER CD-ROM NICHT 1 : 1 ÜBERNEHMEN

Im Gegensatz zu Geschäftsbriefen, die immer wieder in sehr ähnlicher Form verwendet werden, sind Werbebriefe Unikate. Es ist davon abzuraten, einen Musterbrief 1 : 1 zu übernehmen. Vielmehr dienen die Musterbriefe als Beispiele für Formulierungen mit einem bestimmten Ziel und sollen Sie inspirieren, Ihre ganz individuellen Anliegen auf Ihre eigene Art entsprechend zu vermitteln.

Dabei helfen Ihnen auch die Textbausteine für Headline, Anrede, Grußformel, PS und Antwortformular auf der CD-ROM. Wählen Sie daraus die Art, die am besten zu Ihnen, Ihren Produkten und Ihren Kunden passt. Probieren Sie verschiedene Kombinationen und Varianten aus. Ihr Anschreiben wird durch jede Änderung eine andere Stimmung übermitteln. Wichtig ist dabei, dass Sie sich mit Ihren Werbebriefen identifizieren und Ihre Kunden erreichen – inhaltlich wie emotional. Schärfen Sie Ihre Sinne für die Botschaften „zwischen den Zeilen“, denn das ist es, was Ihre Kunden bewegt.

Wie Sie von Anfang an richtig planen

Sie wollen Ihre (potenziellen) Kunden auf sich, auf ein neues Produkt oder eine Sonderaktion aufmerksam machen – und das möglichst effektiv? Ganz klar: Ein Mailing muss her. Doch mit „einfach schreiben und abschicken" ist es nicht getan.

In diesem Kapitel erfahren Sie, woran Sie bei der Planung Ihrer Werbekorrespondenz so alles denken müssen, z B.

- welche Kosten Sie einkalkulieren sollten,
- wie Sie Ihre Aktion konzipieren,
- wann Sie die Briefe am besten losschicken und
- wie Sie die ganze Aktion Schritt für Schritt planen und durchführen.

Die Checklisten helfen Ihnen dabei, alles im Blick zu behalten.

Die Möglichkeiten für die Gestaltung eines Werbebriefs sind fast unbegrenzt. Entsprechend variieren die Produktions- und Versandkosten. Verschaffen Sie sich daher möglichst früh einen Überblick über die entstehenden Kosten, damit Sie Ihre Pläne nicht mitten im Projekt begraben müssen, weil es Ihre finanziellen Grenzen sprengt.

Kostenplanung: Worauf muss ich achten?

Entscheidenden Einfluss auf die Kosten haben folgende Faktoren, die sich zudem teilweise gegenseitig bedingen:

- Format
- Material
- Farbigkeit
- Beilagen
- Druck
- Versandart
- Auflage
- Kreativleistungen

Bedenken Sie beim Format nicht nur die Druck- und Versandkosten, sondern auch die Handhabung. So können bei Sonderformaten eventuell Arbeiten wie Falzen, Stanzen, Kuvertieren und Freistempeln nicht maschinell erfolgen und so überproportional hohe Kosten verursachen. Dies gilt auch, wenn Sie beispielsweise die Idee haben, jedem Brief einen Würfel beizulegen. Die Beschaffenheit der Beilage beeinflusst die Verpackung und damit die Versandkosten.

Edles Papier erzeugt einen hochwertigeren Eindruck, aber auch meist höheres Gewicht und höhere Kosten. Besondere Papiere wie Transparentkuverts stellen auch besondere Anforderungen an den Druck. Wichtig ist auch der Umfang: Mit zwei DIN-A4-Blättern und einem Kuvert in DIN lang kann die portorelevante Gewichtsgrenze von 20 Gramm bereits ausgeschöpft sein. Es empfiehlt sich, beim Papier im Bereich von 80 bis 100 g/m^2 zu bleiben. Zu dünnes Papier wirkt weniger wertvoll, zu dickes sperrig. Bei zwei Blatt á 80 g/m^2 und einem einfachen Kuvert können Sie sogar noch eine leichte Antwortkarte (Mindeststärke 150 g/m^2) unterbringen. Dafür sind fünf Gramm Gewicht einzuplanen, bei einer Fotokarte sechs Gramm. Prüfen Sie das Endgewicht der Aussendung mit Briefmarke, bevor Sie größere Mengen produzieren. Bei einer knappen Überschreitung der Portogrenze kann Ihnen eventuell ein leichteres Kuvert helfen.

Natürlich steigen die Kosten – besonders in der Druckvorstufe – durch mehrere Farben. Auch sind die Druckkosten in Abhängigkeit von der Auflage und damit von dem geeigneteren Druckverfahren zu sehen. Große Auflagen sind günstiger im Offsetdruck, kleine Mengen mit hohem Individualisierungsgrad werden am besten digital gedruckt.

Der Digitaldruck bietet Ihnen die Möglichkeit, sich ganz individuell an Ihre Kunden zu wenden. Sie können den Empfänger im Schreiben wiederholt mit Namen ansprechen, Textbausteine und Bilder auf die Zielgruppe abstimmen, ohne die Druckkosten zu erhöhen. So ist es beispielsweise auch möglich, für jeden Kunden ein speziell auf sein Fahrzeugmodell oder auf seine Sportart abgestimmtes Angebot mit entsprechend passendem Bild zu formulieren. Auch regionale Händleradressen oder Testimonials lassen sich individuell einfügen. Damit wird eine besondere Direktheit in der Kundenansprache erreicht. Variationen zur Akzeptanzprüfung unterschiedlicher Preise sind im Digitaldruck ebenso einfach möglich. Gute Gründe also, bereits vor dem Formulieren des Werbebriefs auch über die Möglichkeiten der drucktechnischen Umsetzung nachzudenken.

Beim Versand lassen sich abhängig von Format und Gewicht große Kosteneinsparungen erzielen. Näheres dazu erfahren Sie im Kapitel „Worauf es beim Versand ankommt“ ab Seite 189. Und schließlich sollten Sie sich von Anfang an darüber im Klaren sein, welche Leistungen Sie selbst erbringen (können) und welche Sie an externe Fachleute in Auftrag geben. Hierbei können immer wieder zwei Zeitfresser beobachtet werden:

- Konzeption und Ausarbeitung eines Werbebriefs beschäftigen mehrere Mitarbeiter oft lange Zeit, bis man sich dazu entschließen kann, eine Agentur oder einen Texter zu beauftragen, frei nach dem Motto „Schreiben kann doch jeder“. Die Notwendigkeit, für die grafische Gestaltung und für Fotos einen professionellen Dienstleister hinzuziehen, wird dagegen eher gesehen.

- Der zweite Punkt betrifft die unklare Zielsetzung. Der Auftrag des Werbebriefs wird kurzfristig umdefiniert, Zielgruppe, Format oder Beilagen geändert. Dadurch wird es meist erforderlich, mit der Arbeit noch einmal von vorne zu beginnen. Deshalb gilt: Je klarer Sie wissen, was Sie wollen, desto günstiger wird die ganze Ausarbeitung.

Die Auflage beeinflusst die Gesamtkosten nur geringfügig, denn die Fixkosten für Konzept, Kreation, Druckvorstufe und Einrichtungspauschalen fallen unabhängig von der Höhe der Auflage an. Kalkulieren Sie daher die Gesamtkosten für verschiedene Auflagen und stellen Sie diesen Ihre Erfolgserwartungen gegenüber. So sehen Sie schnell, in welcher Größenordnung Sie sinnvollerweise produzieren und aussenden.

Zur Frage der Kreativleistungen enthält die Veröffentlichung „Das kostet Kommunikation" (siehe Literatur) interessante Aussagen. So weichen die Preise der untersuchten Agenturen im Bereich Direct Mailing stark voneinander ab. Von der Konzeption bis zur Produktion sind Kostenvoranschläge teilweise kaum miteinander zu vergleichen. Das birgt einerseits ein großes Potenzial hinsichtlich der Kosteneinsparung, aber auch die Gefahr der Fehlkalkulation.

Mit einer Checkliste erfassen Sie die relevanten Kostenpositionen und behalten dadurch von Anfang an den Überblick. In diesem Beispiel wird davon ausgegangen, dass Sie kein Fulfilment durch einen spezialisierten Anbieter in Anspruch nehmen und sowohl den Rücklauf wie auch eine Nachfass-Aktion und die Datenbankpflege selbst abwickeln. Ansonsten sind die ausgelagerten Leistungen unter den externen Kosten zu listen.

CHECK **CHECKLISTE: KOSTENPLANUNG** CD-ROM

Kostenarten	Std.	Euro
Interne Kosten:		
Mitarbeiter-Stunden für ...		
Konzeption		
Entwürfe		

Kostenarten	Std.	Euro
Briefing		
Projektleitung		
Abstimmung, Meetings, Präsentationen		
Response-Erfassung:		
Nachfassen		
Kundenbetreuung		
Auswertung		
Abrechnung		
Datenbankpflege		
Externe Kosten:		
Beratung		
Adressen		
Software für Adressenverwaltung und -abgleich		
Material: Kuverts, Papier, Beilagen, Preise, Proben, Muster		
Konzeption, Text		

Kostenarten	Std.	Euro
Grafik, Layout		
Foto		
Druckvorstufe		
Drucken, Schneiden, Falzen, Stanzen, Veredeln		
Adressieren, Kuvertieren, Einschweißen, Frankieren, Sortieren, Ausliefern		
Porto		

Bei der Konzeption hilft Ihnen die folgende Checkliste. Darin können Sie eintragen, bis wann die enthaltenen Fragen von wem zu klären sind. So nutzen Sie zugleich die Möglichkeit der Delegation und halten sich Zeit frei für die wichtigsten Aufgaben in der Vorbereitungsphase der Aktion.

CHECK **CHECKLISTE: KONZEPTION I** CD-ROM

Was soll Ihr Mailing „verkaufen"?	bis	von
Worin besteht der USP (die Einmaligkeit Ihres Angebots)?		
Welche Emotionen sollen angesprochen werden?		
Wer kommt als Zielgruppe – neben bestehenden Kunden – infrage?		
Woher bekommen Sie geeignete Adressen?		

Was soll Ihr Mailing „verkaufen"?	bis	von
Wer prüft diese auf Aktualität und Dubletten?		
Stimmt der Ansprechpartner noch?		
Wer verfasst Anschreiben und Response-Element?		
Welches Unternehmensleitbild liegt dem Ganzen zugrunde?		
Gibt es ein Corporate Design zu berücksichtigen?		
Welches Budget steht zur Verfügung?		
Wie viele Mailings wollen Sie versenden?		
Welches Format, welche Versandart kommt infrage?		
Welche Antwortmöglichkeiten erhalten die Empfänger?		
An welchen Stellen auf dem Mailing werden Adressdaten abgedruckt (Adressfeld, Anrede, Response-Element, Bonus-Karte, im Text)?		
Wer kümmert sich um den eingehenden Rücklauf (Anrufe, Briefe, Karten, Faxe, E-Mails)?		
Stehen genügend und ausreichend qualifizierte Mitarbeiter zur Verfügung?		
Was wird vom Unternehmen selbst geleistet?		
Welche Aufgaben werden in Auftrag gegeben?		

Was soll Ihr Mailing „verkaufen"?	bis	von
Woher bekommen Sie Unterstützung?		
Wann soll der Versand erfolgen?		
Ist ein Probeversand mit einem Test-Mailing vorzusehen?		
Wie soll der Erfolg des Mailings gemessen werden?		
Ist eine Nachfass-Aktion vorzubereiten?		

Wie sieht die optimale Terminplanung aus?

Theoretisch bietet Ihnen ja gerade der Werbebrief ein sehr kurzfristig einsetzbares Marketinginstrument. Ist er doch schnell erstellt, gedruckt und verschickt. Jedoch erfordert es in der Praxis mehrere Wochen, manchmal sogar Monate, bis eine umfangreiche Mailing-Aktion von A bis Z gut vorbereitet ist und die Briefe verschickt werden können. Schließlich müssen die einzelnen Elemente sehr sorgfältig aufeinander abgestimmt werden, damit alles stimmig ist und der Empfänger zum Reagieren veranlasst wird. Es kommt oft genug vor, dass beispielsweise ein Mailing im April geplant wurde, vor den Sommerferien versendet werden sollte und letztendlich erst im Herbst auf den Weg gebracht wird. Eine solide Terminplanung hilft Ihnen, doppelte Arbeit zu vermeiden und Ihr Ziel zu erreichen. Verschaffen Sie sich möglichst frühzeitig einen Überblick über die notwendigen Schritte zur Umsetzung Ihres Werbebriefs, um eine realistische Zeitplanung aufstellen zu können.

Bei der Zeitplanung ist es sinnvoll, rückwärts vorzugehen. Ermitteln Sie also zuerst, wann der Empfänger Ihren Werbebrief im Idealfall erhalten soll. Die bevorzugten Monate für die Versendung von Direct Mailings an

Geschäftskunden sind Februar bis April und September bis Dezember. Weihnachtspause und Sommerferien sind ungünstig, da Ihr Schreiben Gefahr läuft, liegen zu bleiben, um dann nach dem Urlaub gemeinsam mit den übrigen angesammelten Werbebriefen im Bündel entsorgt zu werden.

Gleiches gilt für Brückentage und für Feiertage wie Ostern und Pfingsten. Der Mai hat viele bewegliche Feiertage und ist daher weniger gut geeignet. Im Dezember haben Ihre Werbebriefe große Konkurrenz, da zum Jahresende viele Grüße, Spendenaufrufe und Geschenksendungen eingehen. Montags sammelt sich die ganze Post seit Samstag und freitags sind viele bereits im Wochenende. Der beste Tag ist also ein Werktag unter der Woche (Dienstag bis Donnerstag), ohne Unterbrechungen durch Feiertage oder Ferien. Berücksichtigen Sie ein bis zwei Tage für den Postweg, d. h. Sie sollten Ihre Werbebriefe am Montag zur Post bringen. Sind Ihre Empfänger Privatpersonen, so ist es günstig, wenn Ihr Mailing zum Wochenende eintrifft, da diese dann eher Zeit zum Lesen der Post haben.

Denken Sie auch an die Möglichkeit, antizyklisch zu werben. Wenn Sie im nasskalten Winter Träume von Sonne, Meer und Strand versenden, ist Ihnen eine hohe Aufmerksamkeit sicher.

Bevor es jedoch soweit ist, dass Ihre Kunden einen Brief von Ihnen erhalten, sind verschiedene Aufgaben zeitlich realistisch zu planen und zu managen. Die Ausarbeitung des Mailings kann zwei Wochen und länger dauern. Zu beachten ist hier insbesondere der Abstimmungsbedarf mit den beteiligten Abteilungen. Auch der Zeitbedarf für das Ergänzen, Verifizieren beziehungsweise Aufarbeiten der Adressdatensätze wird oft unterschätzt. Hierfür können in Abhängigkeit von der Qualität des vorhandenen Adressmaterials mehrere Wochen Arbeit erforderlich sein. Eine professionelle Software kann Ihnen hierbei viel Arbeit abnehmen und erheblich Zeit sparen, sodass sich diese Investition schnell rechnet.

Auf die Reihenfolge kommt es an

Insgesamt sollten Sie bei einer größeren Mailing-Aktion bis zum Versand der ersten Briefe mindestens einen, besser zwei Monate Zeit einplanen. Einen Überblick über die wichtigsten Fragen und Aufgaben vor dem Versand gibt Ihnen die folgende Checkliste. Tragen Sie darin ein, wer was und bis wann bearbeitet.

CHECKLISTE: AUFGABEN

	bis	von
Ziele der Aktion definieren		
Zeitplan erstellen		
Geeignete Adressen einkaufen		
Eigene/neue Datensätze ggf. aufarbeiten, ergänzen, aktualisieren, abgleichen		
Zielgruppe unterteilen in Einheiten, die individuell angesprochen werden sollen		
Produkteigenschaften und Kundennutzen auflisten		
Kernaussage definieren		
Mögliche Hindernisse auflisten		
Geeignete Belege, Garantien, Testimonials bestimmen		
Format, Umfang, Beilagen, Versandart festlegen		
Mailing entwerfen		
Response-Element entwerfen		
Diskussion der Entwürfe		

	bis	von
Alternativen prüfen		
Angebote einholen: Agenturen, Foto, Grafik, Text, Auslieferung, Druckereien, Callcenter und Lettershops		
Ausarbeitung des favorisierten Entwurfs		
Evtl. Testversand von Varianten		
Auswertung des Tests		
Überarbeitung des Mailings		
Bereitstellen der im Mailing angebotenen Produkte, Geschenke, Broschüren, Eintrittskarten etc.		
Organisation des Rücklaufs: Personal extern/intern, Qualifikation, Gesprächsleitfaden, Antwortbriefe, Beratung, Versand, Abrechnung, Bereitstellen der technischen Voraussetzungen		
Druck, Weiterverarbeitung und Versand		
Auswertung		
Datenbankpflege		

In Abhängigkeit davon, wie viele Aufgaben parallel bearbeitet werden können, ergibt sich ein erforderlicher Mindestzeitbedarf, den Sie vor der Versendung brauchen, um die Aktion gründlich vorbereiten zu können. Eine Mailing-Aktion ist nur dann erfolgreich, wenn alle Bestandteile gut funktionieren. Was nützt Ihnen der beste Werbebrief, wenn die gewonnenen Interessenten am Telefon unzureichend oder unprofessionell beraten werden? Wenn Sie eine Telefonnummer angeben, stellen Sie vor der Versendung Ihres Werbebriefs sicher, dass unter dieser Nummer ausreichend viele fachlich kompetente und/oder im Telemarketing geschulte Ansprechpartner erreichbar sind.

Gerade bei größeren Mengen ist es von Anfang an wichtig, die maschinelle Verarbeitung in allen Produktionsschritten bis zum Versand im Auge zu behalten, da sonst hohe Kosten für die manuelle Bearbeitung anfallen können. Klären Sie die Möglichkeiten und Grenzen bereits in der Konzeptionsphase mit der Druckerei und dem Lettershop ab.

ACHTUNG

PUFFERZEITEN EINPLANEN

Planen Sie für die Vorbereitungsphase Pufferzeiten von zehn bis 20 Prozent ein. So geraten Sie durch unvorhergesehene Probleme nicht gleich in Zeitnot. Insbesondere das Einholen von Angeboten, deren Vergleich und die Auftragsvergabe kosten oft mehr Zeit als erwartet. Aber auch langwierige Abstimmungsprozesse mit beteiligten Abteilungen oder Probleme bei der Qualifizierung der Adressdaten können zu Verzögerungen führen

Überlegen Sie auch, ob Sie nicht gemeinsam mit einem Unternehmen aus einer anderen Branche ein attraktives Angebotspaket für Ihre Kunden schnüren wollen. Das bietet einige Vorteile: Sie teilen die Kosten, gewinnen die Kunden des Partnerunternehmens hinzu, können ein attraktiveres Angebot erstellen und erzielen somit eine höhere Resonanz.

BEISPIEL

SYNERGIEN NUTZEN

Autowaschanlage und Autozubehörhandel laden gemeinsam zum Frühjahrsputz der Kundenfahrzeuge ein. Zu diesem Anlass bieten sie einen Eimer mit Reinigungs- und Pflegemitteln zum Vorzugspreis und eine rabattierte Zehnerkarte für die Waschstraße. Zusätzlich verspricht ein Gewinnspiel zehn Tankgutscheine der benachbarten Tankstelle.

So kommen Ihre Werbebriefe an

Sie haben ein Ziel: Sie möchten Resonanz erhalten auf Ihr Anschreiben, sei es eine Anmeldung, eine Bestellung, eine Anforderung, ein Besuch, eine Terminvereinbarung, eine Spende oder Zusage. Doch auf dem Weg dahin gilt es viele Klippen zu umschiffen. Lesen Sie hier über

- grundsätzliche Strategien,
- hilfreiche Ankerpunkte,
- den üblichen Blickverlauf,
- Ihre Initialidee,
- Zielgruppenselektion,
- Kundenperspektive und
- zielführende Fragestellungen.

Was macht den Erfolg eines Mailings aus?

Ganz allgemein betrachtet ist ein Mailing genau dann erfolgreich, wenn es nacheinander folgende vier Hürden nimmt:

1 Es veranlasst den Empfänger zum Öffnen des Kuverts (Neugier).

2 Es weckt Interesse am Angebot (Relevanz).

3 Es überzeugt von den Vorteilen und erzeugt Verlangen (Belohnung).

4 Es motiviert zu der gewünschten Reaktion (Handeln).

Diese Aufgaben wurden von dem Werbeprofi Cyril Freer bereits 1920 auf die bekannte AIDA-Formel gebracht: Attention – Interest – Desire – Action. Zu Deutsch: Aufmerksamkeit – Interesse – Begehren – Handeln.

Neuropsychologische Forschungen haben inzwischen gezeigt, dass wir weitgehend unbewusst wahrnehmen, bewerten und entscheiden. Das bedeutet, dass man sich nicht werblich in den Vordergrund drängen muss, um wahrgenommen zu werden. Erfolgsversprechender ist es vielmehr, mit dem eigenen Namen und Produkt eine angenehme Assoziation zu verknüpfen. Das Modell der gezielten Aufmerksamkeit ist daher nicht mehr ganz „Stand der Technik", aber für die Beschreibung der Wirkung von Werbebriefen ist die AIDA-Formel immer noch ausreichend. Die den neuen Erkenntnissen zugrunde liegenden Faktoren Neugier, Relevanz, Belohnung, Handeln (siehe oben) ergeben das englische Kürzel: IRSA – Inquisitiveness, Relevance, Satisfaction, Action. Vielleicht wird dieses AIDA zukünftig ablösen.

Aber wie auch immer man es betrachtet: Die ersten drei Erfolge sind Etappensiege auf dem Weg zum eigentlichen Ziel: der Reaktion des Lesers! Zunächst ist der Leser neugierig auf den Inhalt zu machen. Durch schnell wahrnehmbare Informationen soll anschließend beim Überfliegen des Briefes genügend Interesse geweckt werden, sich intensiver mit dem Thema zu befassen. Als Drittes muss der Inhalt im Detail überzeugen, um einen Kaufanreiz zu schaffen. Und schließlich ist genug Motivation aufzubauen, damit der Leser tatsächlich reagiert und nicht im letzten Moment doch einen Rückzieher macht.

Der kritischste Moment ist, wenn der Werbebrief zusammen mit der übrigen Post auf dem Schreibtisch liegt und Gefahr läuft, als überflüssige Werbung aussortiert zu werden. Wenn der Empfänger den Brief ungeöffnet entsorgt, scheitert Ihr Vorhaben bereits vor dem eigentlichen Start. Dann nützt auch ein noch so genialer Inhalt nichts. Wie bewegen Sie also den Empfänger zum Öffnen des Kuverts? Präsentieren Sie Ihr Anschreiben in einer für die Zielgruppe attraktiven Form:

- Sie treten seriös auf und erzeugen bei einer anspruchsvollen Zielgruppe Vertrauen in die Zuverlässigkeit und den Wert Ihres Angebots. Der persönliche, exklusive Eindruck kann dadurch gesteigert werden, dass das Kuvert von Hand beschriftet bzw. in Handschrift bedruckt ist oder einen Absender mit klangvollem Titel trägt.

- Sie treten betont werblich auf, indem Sie bereits auf dem Kuvert einen zentralen Kundennutzen versprechen, auf die Einmaligkeit dieser Gelegenheit verweisen oder etwas „Wertvolles“ durch ein Fenster sichtbar machen.

Machen Sie sich zunutze, dass Menschen von Natur aus neugierig sind. Die meisten werden wissen wollen, was sich im Kuvert verbirgt und zumindest einen Blick darauf werfen. Damit hätte Ihr Werbebrief bereits die erste Hürde genommen. Ausführlich wird dieses Thema im Kapitel „Der Briefumschlag: Signale von außen“ behandelt (s. S. 183).

ANKERPUNKTE FESTIGEN DAS INTERESSE ACHTUNG

Der Empfänger muss beim Überfliegen des Mailings positive Ankerpunkte finden, an denen er sein Interesse festmachen kann. Entdeckt er gleich beim ersten Überfliegen ein paar für ihn wichtige, interessante Botschaften, so wird er sich den übrigen Inhalt gerne auch genauer anschauen. Denken Sie daran, dass der Empfänger innerhalb weniger Sekunden die Entscheidung trifft, ob Ihr Anschreiben für ihn relevant ist oder nicht. Deshalb ist es wichtig, die Vorteile für den Kunden optisch hervorzuheben.

Hilfreich beim Setzen der Ankerpunkte ist der vom Direktmarketing-Spezialisten Professor Siegfried Vögele untersuchte Blickverlauf des Lesers beim Überfliegen des Werbebriefs. Dieser analysiert den Absender, prüft die eigene Anschrift, geht über die Headline und die Anrede hinunter zum Textkörper. Hiervon werden zunächst nur die hervorstechenden Elemente wahrgenommen. Der Blick überfliegt den Gruß, die Unterschrift und das PS. Im Allgemeinen kann man von dieser Reihenfolge ausgehen, um die Dramaturgie des Mailings optimal abzustimmen. Die Emotionen sind in erster Linie Neugier auf den Inhalt des Schreibens und die Angst, etwas Wichtiges zu verpassen. Die begleitenden Gedanken des Lesers sind dabei folgende:

- Kuvert – Was ist darin enthalten?
- Adressfeld – Ist das für mich?
- Absender im Briefkopf – Wer ist das eigentlich? Was machen die?
- Schlagzeile – Worum geht es? Was bieten die mir an?
- Unterschrift – Wer steht dahinter?
- PS – Was bringt mir das?
- Anrede – Welche Sprachebene wählt der Absender? Wie ist er mir gegenüber eingestellt?
- Fließtext – Welche Vorteile habe ich im Detail? Wie soll das funktionieren?
- Antwortcoupon – Hat die Sache einen Haken? Was kostet das am Ende?

Beim ersten Überfliegen des Fließtextes sollte der Leser, wie oben erwähnt, durch Hervorhebungen der Hauptaussagen und Vorteile bereits positive Signale erhalten. Das Interesse steigt in dem Maße, in dem ein persönlicher Nutzen erkennbar wird.

DENKEN SIE FÜR DEN LESER MIT ACHTUNG

Geben Sie dem Leser, was er braucht und wünscht. Überzeugen Sie durch gute Argumente. Entkräften Sie mögliche Einwände, bevor diese überhaupt entstehen.

Überzeugen Sie nun Ihren Leser. Beantworten Sie seine Fragen, bevor er sie stellt! Entsprechen Sie nicht nur seinen Erwartungen, sondern überraschen Sie mit einem Mehrwert. Schließlich vermitteln Ihre Argumente dem Leser die Notwendigkeit, die Richtigkeit und den Vorteil, Ihr Angebot wahrzunehmen.

Neueste Forschungsergebnisse belegen: Kaufentscheidungen werden überwiegend von unserem „Autopiloten" getroffen. Dieser erfasst intuitiv Bedeutung und Belohnungschancen aufgrund geprägter Muster und impliziter Signale. Der bewusste Pilot in uns dagegen greift nur prüfend ein, wenn der „Autopilot" auf Unstimmigkeiten stößt oder mit bisher unbekannten Aufgaben konfrontiert wird. Berücksichtigen Sie daher unbedingt Prägungen und Gefühle Ihrer Empfänger. Sympathie, Vertrauen und Zugehörigkeitsgefühl sind eher unbewusste, aber dennoch wichtige Impulse. Rationale Argumente machen es dem Verstand leicht, ein Angebot anzunehmen. Genauso leicht lassen sie sich jedoch mit einem „Ja, aber ..." wieder vom Tisch wischen. Nicht jedoch, wenn dieses Angebot zugleich eine attraktive „Belohnung" verspricht.

AUTOKAUF BEISPIEL

Wahrscheinlich kennen Sie das von sich selbst: Wenn Sie sich für ein bestimmtes Modell begeistern, werden die rationalen Argumente für dieses Modell geradezu gesammelt, um die Kaufentscheidung schließlich auch vernunftgemäß zu rechtfertigen. Anderen gegenüber werden Sie ebenfalls diese rationalen Argumente anführen, aber Ihre Entscheidung war überwiegend emotionaler Natur.

Belohnen Sie eine schnelle Reaktion des Lesers. Wenn Ihr Empfänger Ihren Brief erst einmal beiseite legt, sinken die Chancen auf eine Kaufantwort rapide. Geben Sie alles, damit der Empfänger sofort antwortet. Es ist also kein leichter Weg, den Ihr Werbebrief durch die skeptischen und kritischen Instanzen des Empfängers gehen muss – schließlich: Wer freut sich schon über Werbepost?

Als Initiator und Auftraggeber der Mailing-Aktion haben Sie eine erste Idee von dem, was Sie vermitteln und ausdrücken möchten. Diese Initialidee definiert den Auftrag des Mailings und wirkt prägend auf Form, Stil und Inhalt.

SCHRITTE

ARBEITEN SIE IHRE INITIALIDEE AUS

CD-ROM

Notieren Sie vor der Ausarbeitung des Werbebriefs Ihre Initialidee!

Bemerkungen:

1 **War es der Wunsch, Ihren langjährigen Kunden Dank zu sagen?** ja ☐ nein ☐ ________

2 **War es die Idee, die Präsentation Ihrer neuesten Modelle mit einem großen Konzert zu verknüpfen?** ja ☐ nein ☐ ________

3 **War es der Einfall, die Response-Quote durch ein Preisausschreiben zu erhöhen?** ja ☐ nein ☐ ________

4 **War Ihre Idee, an das Sicherheitsbedürfnis alleinerziehender Väter zu appellieren?** ja ☐ nein ☐ ________

5 Oder hatten Sie die witzige Idee, Samen und Produktionslogistik zu vergleichen? (s. Kapitel „So finden Sie den richtigen Einstieg" ab Seite 105.) ja ☐ nein ☐ ____________________

Schreiben Sie Ihre Initialidee jetzt auf!

Schreiben Sie an Menschen, nicht an Zielgruppen

Um zu wissen, *was* ankommt, müssen Sie zuallererst wissen, *bei wem* es ankommen soll. Ihr Erfolg wird davon abhängen, wie exakt Sie Ihre Zielgruppe definieren und wie gut Sie die Bedürfnisse und den Stil der Empfänger kennen.

ZIELGRUPPENSELEKTION ACHTUNG

Analysieren Sie Ihre Kundendaten. Gibt es Möglichkeiten der Gruppenbildung nach Alter, Geschlecht, Wohnort oder anderen Merkmalen? Auf der CD-ROM finden Sie eine Checkliste mit Kriterien für die B2B- und B2C-Zielgruppenauswahl.

SCHRITTE **BILDEN SIE SINNVOLLE KUNDENGRUPPEN** CD-ROM

	Bemerkungen
Gibt es eine Liste von Kunden, die schon länger nicht mehr gekauft haben? Überlegen Sie, mit welchem Angebot Sie diese reaktivieren können.	
Erstellen Sie auch eine Liste derjenigen, die bereits eine Anfrage an Sie gerichtet, ein Angebot angefordert, Sie im Internet oder am Tag der offenen Tür besucht oder an einem Gewinnspiel teilgenommen haben, sofern hierüber Daten vorliegen. Überlegen Sie, inwieweit Sie auch andere Gruppen mit Ihrem Angebot ansprechen wollen. Wo finden Sie sie, was zeichnet diese Neukunden aus? Nun bilden Sie sinnvolle Blöcke. Denn ebenso wie es schädlich ist, einen Stammkunden mit „Lieber Interessent" anzusprechen, so verkehrt wäre es, Frauen einen Rasierapparat anzubieten. Differenzieren Sie also Ihre Zielgruppen hinsichtlich der Möglichkeit, ein gemeinsames Anschreiben zu formulieren. Mögliche Gruppen sind: ▪ Stammkunden ▪ Neukunden des letzten Jahres ▪ längere Zeit nicht mehr aktive Kunden ▪ Interessenten ▪ unqualifizierte Adressen aus einem Verzeichnis	

Entsprechend unterschiedlich gestaltet sich die Aussage Ihres Werbebriefs: Stammkunden werden Sie vielleicht als Dankeschön eine Aufmerksamkeit, einen Gratisservice oder eine Einladung zukommen lassen; Neukunden werden Sie ein attraktives Angebot für einen Folgekauf senden. Bei den längere Zeit nicht mehr aktiven Kunden werden Sie mit einem aktuellen, attraktiven Angebot versuchen herauszufinden, wer Ihnen als Kunde verloren ging (Umzug, Tod, Konversion) und wer nur längere Zeit keinen Bedarf mehr hatte.

Die Teilnehmer an einem früheren Gewinnspiel kennen Sie bereits und stehen Ihrem Angebot daher grundsätzlich eher aufgeschlossen gegenüber. Überlegen Sie, womit Sie diese überzeugen können.

Bei den unqualifizierten Adressen schließlich versenden Sie vielleicht auf gut Glück ein Schnäppchenangebot, ohne den Brief an eine bestimmte Person zu richten, und messen den Rücklauf dieser Gruppe im Vergleich zu den übrigen Briefen.

Ebenso ergeben sich Unterschiede in der Tonalität zwischen einer jungen Internetzielgruppe und älteren Premium-Kunden, selbst wenn Sie beiden z. B. einen Handyvertrag anbieten.

Einen wesentlichen Anteil am Erfolg eines Werbebriefs hat seine schlüssige Gesamtkonzeption. Viele Details wollen gut aufeinander abgestimmt sein, damit das aktuelle Angebot vom Empfänger angenommen wird. Dazu ist es wichtig, dass Ihr unternehmerisches Selbstverständnis – Ihre Geschäftsphilosophie – für den Kunden *erlebbar* wird. *Schreiben* Sie also nicht, dass es zu Ihren Grundsätzen gehört, kundenorientiert zu handeln, sondern zeigen Sie, dass Sie es *tun.*

KUNDENNUTZEN UND INNERE EINSTELLUNG ACHTUNG

Denken Sie beim Verfassen des Briefes nicht an Kundenbindung, sondern konzentrieren Sie sich auf den Kundennutzen, den Sie stiften wollen. Ihre Zielsetzung wie auch Ihre Einstellung beim Schreiben wird später spürbar sein! Ob Zweifel, Erwartungen oder Vorbehalte – zwischen den Zeilen steht oft mehr als einem recht ist.

Auf die richtige Perspektive kommt es an

Einer der häufigsten Fehler in Werbebriefen ist die falsche Perspektive des Schreibenden. Viele beschreiben, welche *sagenhaften* Produkte ihr *tolles* Unternehmen dem Leser *großzügigerweise* anbietet. Dazu werden der Produkt- und Firmenname ständig wiederholt, damit der Empfänger sie sich ja gut merkt. Der Verfasser geht also davon aus, dass sich Kunden mit möglichst viel Impact logisch überzeugen lassen. Warum dem nicht so ist, beschreiben Scheier und Held in ihrem aktuellen Buch „Was Marken erfolgreich macht" (2007) auf sehr überzeugende Weise.

ACHTUNG **VERSETZEN SIE SICH BEIM SCHREIBEN IN DEN EMPFÄNGER**

Schreiben Sie nicht über *Ihre Vorzüge*, sondern über die *Vorteile für den Kunden.* Ihre Selbstdarstellung gehört in die Imagebroschüre, nicht in einen Werbebrief.

Mitarbeiter und besonders Inhaber von Unternehmen laufen Gefahr, ihren Betrieb als den Mittelpunkt der Welt zu betrachten. Hierum dreht sich alles: Erfolg, Misserfolg, Aufträge, Verantwortung, Arbeitsplätze, Existenz. Diese Involviertheit macht es oft schwer, den nötigen Abstand zur eigenen Position zu gewinnen.

Machen Sie selbst den Test: Lesen Sie die Werbepost, die Ihnen ins Haus flattert. Wie oft lesen Sie da „wir", „unser", „wir uns" etc.? Die Wirkung? Den Absender nehmen Sie als einen selbstbezogenen „Wir-die-Firma-Komplex" wahr, der bei sich bleibt und trennt in „wir hier" und „Sie da". Sie bleiben „außen vor". Verkaufsfördernd ist das nicht.

NEGATIV-BEISPIEL: ANSCHREIBEN AUS UNTERNEHMENSPERSPEKTIVE BEISPIEL

Marktführer im Objekt- und Personenschutz!

Sehr geehrter Herr Grünspan,

heute stellen wir Ihnen unsere Leistungen in der Sicherheitstechnik vor: Die ABC-Gruppe ist europäischer Marktführer im Objekt- und Personenschutz. Wir schützen Personen und Gebäude sowohl durch bestens ausgebildete Sicherheitskräfte als auch durch die Installation modernster Sicherheitstechnik.

Eine weitere Sparte bildet der telefonisch erreichbare Wachdienst, der bei Gefahr oder Unfall entsprechende Hilfskräfte alarmiert, so bei Rauchentwicklung, Gasaustritt oder bei Erschütterungen. Dabei besitzen wir eine mittlerweile zwanzigjährige Erfahrung und sind in folgenden Ländern präsent:

Dänemark, Deutschland, Belgien, Frankreich, Luxemburg, Liechtenstein, Niederlande, Österreich, Schweiz sowie auf den Ferieninseln Mallorca, Menorca, Teneriffa und Ischia.

Die Profis im Sicherheitssektor – auch für Ihre Sicherheit.

Mit freundlichen Grüßen

Jobst B. Scheid
ABC-Sicherheitstechnik KG

Im ganzen Anschreiben ist nur zwei Mal vom Kunden die Rede. Nicht gerade viel für einen Brief zur Kundengewinnung. Dazwischen preist sich das Unternehmen und zählt emotionslos Leistungsmerkmale auf, ohne einen Bezug zum Angesprochenen herzustellen.

Wie viel wirkungsvoller könnten viele Mailings allein schon dadurch sein, dass die selbstzentrierte Wir-Position zugunsten einer Sichtweise aus der Kundenperspektive aufgegeben wird! Es ist nicht immer leicht, sich wirklich in den Empfänger hineinzuversetzen. Aber es lohnt sich!

Denn dadurch, dass Sie nicht sich und Ihr Produkt in den Vordergrund stellen, entsteht ein freier Raum für die Bedürfnisse, Probleme und Wünsche Ihres (zukünftigen) Kunden. Und darüber liest dieser auch wirklich sehr viel lieber, denn – so ist es nun mal – seine Belange interessieren ihn einfach weitaus mehr als Ihre Produkte und Ihr Anliegen. So erhält das obige Anschreiben größeren Kundenbezug:

MUSTER

MUSTER: ANSCHREIBEN AUS KUNDENPERSPEKTIVE

CD-ROM

Schlafen Sie gut!

Sehr geehrter Herr Grünspan,

die ABC-Gruppe ist europäischer Marktführer im Objekt- und Personenschutz. Wir schützen Sie und Ihren Besitz durch bestens ausgebildete Sicherheitskräfte als auch durch die Installation modernster Sicherheitstechnik.

Auch auf den Ferieninseln Mallorca, Menorca, Teneriffa und Ischia kümmern wir uns um die Sicherheit Ihrer Immobilie. Weitere Informationen liefert Ihnen die beiliegende Bröschüre.

Wir wollen, dass Sie gut schlafen!

Mit freundlichen Grüßen

Jobst B. Scheid
ABC-Sicherheitstechnik KG

Schon in der Schlagzeile wird signalisiert: Es geht um den Empfänger. Und auch im Text wird der Produktnutzen immer wieder als Kundennutzen dargestellt. Am Ende schließt sich die thematische Klammer mit dem guten Schlaf. Stellen Sie aber nicht jede Kleinigkeit als zusätzlichen Kundennuten dar. Das wirkt konstruiert und erschüttert die Glaubwürdigkeit der ganzen Botschaft.

Ein anderes Problem tritt oft dann auf, wenn ein technischer Spezialist seinen Kunden die Vorteile seines Produkts vermitteln will. Der Versuch mündet häufig in einer Litanei von technischen Daten, mit denen er seinen Kunden füttert wie einen Computer. Auch hier bleibt der Empfänger emotional unberührt, da der Bezug zu seinem Leben, seinen Bedürfnissen, seinen Problemen und seinen Wünschen ganz einfach fehlt.

NEGATIV-BEISPIEL: ANSCHREIBEN RATIONAL-TECHNISCH BEISPIEL

Sehr geehrter Herr Plattmann,

wir bieten Schaltplan-Verifizierungen mit Netzlistenübernahme von Calay, OrCad u. v. a. Integrierte Schaltkreise und Leiterplatten-Entflechtung mit Multilayer-Technik von der Nullserie bis zur Großserie.

Weitere Features:

- Multi-Chip
- Hybrid
- SMD-Technik
- NC-Steuerungen
- CAD-Layout

Gerne werden wir in diesem Bereich auch für Sie tätig.

Mit freundlichen Grüßen
Industrie-Elektronik Service Partner Solingen GbR

Besser vermitteln Sie komplexe technische Inhalte auf folgende Art:

CD-ROM **MUSTER: ANSCHREIBEN INFORMATIV-EMPATHISCH** MUSTER

Sehr geehrter Herr Plattmann,

Sie arbeiten mit Calay und OrCad? Dann kennen Sie die damit verknüpften Probleme bei der Netzlistenübernahme wahrscheinlich nur zu gut.

Die dazu passenden Lösungen sind unsere Spezialität.

Ebenso bieten wir Leiterplatten-Entflechtung mit Multilayer-Technik von der Nullserie bis zur Großserie und viele weitere Lösungen – bestimmt auch für Ihren Bereich.

Wo liegt Ihr Bedarf? Bitte sprechen Sie uns an und entdecken Sie weitere Vorzüge in einem kostenfreien Beratungsgespräch.

Mit freundlichen Grüßen
Berend Braunscheit

Bedenken Sie auch die Möglichkeit weiterer, flankierender Maßnahmen. Wollen Sie nur Informationen vermitteln oder Ihren Kunden auch interessante Veranstaltungen zum Thema bieten? Speziell bei neuen Technologien ist sowohl das Interesse als auch der Bedarf nach aktuellen Informationen groß. Ein Symposium, Seminar, Vortrag oder Fachkongress ist eine gute Gelegenheit, miteinander ins Gespräch zu kommen. Bei weniger speziellen Themen könnte eine Ausstellung, Vorführung oder ein Tag der offenen Tür interessant sein. Auch lohnt der Blick über den Branchenzaun. Gute Ideen finden sich oft in ganz anderen Sparten, die sich teilweise einfach adaptieren lassen.

MUSTER **MUSTER: EINLADUNG INS GARTENCENTER** CD-ROM

Schöne Pflanzen – gesunde Pflanzen

Liebe Garten- und Blumenfreunde,

am 25. Mai laden wir Sie herzlich ein zu unserem Tag der offenen Tür. An diesem Tag stehen Ihnen von 10 bis 16 Uhr die Spezialisten Dr. Rüdiger Rauke und Cordula Chrisanthem zu allen Fragen rund um die Schädlingsbekämpfung bei Garten- und Zimmerpflanzen Rede und Antwort.

Für Unterhaltung sorgen die Blütenweg Jazzmen, dazu reichen wir Erfrischungsgetränke und eine kleine Stärkung. Für die kleinen (und großen) Besucher gibt es einen Erlebnis-Parcours, der alle Sinne anspricht.

Ich freue mich auf Ihren Besuch am Sonntag, 25. Mai.

Ihr Tobias Treibholz
Gartencenter Tannenbach

Kommunikation in Augenhöhe – was heißt das?

Zwei Menschen sprechen die gleiche Sprache, verstehen einander und befinden sich auf derselben Ebene, da keine Vormachtstellung angestrebt wird. Das Verhältnis zwischen beiden ist geprägt von Achtung und Verständnis und dem Bemühen um gemeinsamen Erfolg. – Ein Ideal? Gewiss, aber ein Ideal mit hoher Relevanz für die Praxis. Die Psychologie spricht hier von symmetrischen Beziehungen, in denen beide die gleichen Rechte haben.

Der Wert der partnerschaftlichen Kommunikation in Augenhöhe wird deutlich, wenn wir uns die Abweichungen von diesem Ideal, sogenannte komplementäre Beziehungen, betrachten: Treten Sie „von oben herab" auf, dann beeindrucken Sie damit vielleicht ein paar ängstliche Gemüter. Die Mehrheit Ihrer Adressaten wird jedoch keinen Kontakt mit einem Unternehmen wünschen, das besserwisserisch und überheblich auftritt.

Im anderen Extremfall nehmen Sie eine unterwürfige Position ein und dienen Ihre Angebote mit servilem Eifer an. Wie geht es Ihnen selbst: Trauen Sie jemandem wirkliche Kompetenz zu, der nicht entsprechend selbstbewusst auftritt? Fühlen Sie sich angesprochen durch anbiedernde Unterwürfigkeit?

Kurzfristig lassen sich wohl auch mit einer über- oder unterlegenen Position Geschäfte machen. Langfristig jedoch ist es für beide Seiten befriedigender und damit auch die Beziehung stabiler, wenn beide Parteien das Gefühl haben, ein kompetentes Gegenüber in Augenhöhe vor und einen starken Partner neben sich zu wissen. So ist die Position der Augenhöhe ein sehr wichtiger Aspekt bei der Kommunikation. Der schöne Nebeneffekt: Es macht einfach mehr Spaß, sich mit Menschen auf gleicher Ebene zu bewegen.

Die Augenhöhe geht bei Überheblichkeit, Egozentrik, Irreführung und Besserwisserei verloren, ebenso beim Anbiedern, bei Selbstverleugnung oder Übertreibungen. Achten Sie daher sorgfältig darauf, Ihren Lesern auch zwischen den Zeilen keinen Anlass zu Misstrauen oder Zweifel zu geben. Kommunizieren Sie klar und unmissverständlich und stets im partnerschaftlichen Sinn.

In diesem Zusammenhang können Sie sich auch vom überholten Bild des „König Kunde“ verabschieden. Degradieren Sie Ihre wertvollen und kompetenten Mitarbeiter nicht zu Dienern des Königs, sondern erheben Sie sie zu dessen engagierten Beratern. Augenhöhe bedeutet auch, dass der Kunde ebenso wie Sie und Ihre Mitarbeiter Spielregeln zu beachten hat. Wer unverschämte Forderungen stellt und nicht zahlt, muss sich seine „Mitspieler“ woanders suchen. Bleiben Sie unbedingt Ihrem Anspruch und Ihrem Niveau treu, sonst leidet Ihr Ansehen unter der „schlechten Gesellschaft“. Auch wenn Sie jetzt widersprechen, dass man sich das heute nicht mehr aussuchen kann – im Endeffekt tun Sie sich aber einen Gefallen, wenn Sie das Prinzip der Augenhöhe beachten.

ACHTUNG

GLEICH UND GLEICH GESELLT SICH GERN

Fokussieren Sie auf „Ihresgleichen" – wer Sie nicht mag, wird ohnehin nicht Ihr Kunde. Konservative bleiben gerne unter sich, wie auch Abenteurer die Gesellschaft Gleichgesinnter suchen. Achten Sie mal darauf, wie homogen die Besucherstruktur in gastronomischen Betrieben ist: Junge, Alte, Arme, Reiche, Familien, Singles, Senioren, Busausflügler, Mittagsgäste, Handwerker, Akademiker, Kaufleute. Daher gibt es Restaurants aller Couleur: Vereinsheime, Stammbeizen, Landgasthöfe, In-Lokale, Tanzschuppen, Imbissbuden, Vegetarierbistros, Teestuben, Drive-Ins, Kulturcafes, Pilskneipen, Gourmettreffs, Weinstuben, Diskotheken. Sie werden sich vermutlich auch nicht überall wohlfühlen.

Ein Stichwort, das in letzter Zeit öfter bemüht wird, ist *Kundenloyalität.* Schön und gut, wenn Ihre Kunden immer wieder bei Ihnen kaufen, aber erwarten Sie nicht zu viel: Sie essen schließlich auch nicht immer in demselben Restaurant. Also versuchen Sie Ihren Kunden nicht am „Fremdgehen“ zu hindern, sondern bemühen Sie sich vielmehr, dass er immer wieder gerne (auch) zu Ihnen kommt.

Mit hilfreichen Fragen zum Erfolg

Um Ihrem Mailing zum Erfolg zu verhelfen, ist es sinnvoll, sich vorab über die Empfängerseite ein paar differenzierte Gedanken zu machen. Beantworten Sie für Ihren speziellen Fall folgende Fragen:

1. Wer wird das Mailing empfangen, weiterleiten, öffnen, lesen, beurteilen?

Bei einem großen Unternehmen wird die Post zentral verteilt beziehungsweise nach bestimmten Kriterien vorsortiert. Wird Ihr Anschreiben bereits auf den ersten Blick als Werbebrief erkannt, ist die Wahrscheinlichkeit hoch, dass es sofort aussortiert wird. Ein klares Argument für eine zurückhaltende Umschlaggestaltung.

Richten Sie Ihr Schreiben ohne Ansprechpartner an die Abteilung „Einkauf" oder „Vertrieb", dann läuft es Gefahr, von jemandem geöffnet zu werden, der nicht der Entscheider und Kompetenzträger für Ihr Anliegen ist. Dieser wird es häufig auch nicht an die richtige Position weiterleiten, sei es aus Unkenntnis, aus Bequemlichkeit oder weil das Anliegen nicht wichtig erscheint.

Wenn Sie den richtigen Ansprechpartner kennen und ihn korrekt ansprechen, haben Sie weit größere Aussicht darauf, dass Ihr Mailing sein Ziel erreicht.

2. Welche Interessen hat der Entscheider?

Je nach Unternehmen, Position und Auslastung hat der Empfänger eine oder mehrere der folgenden Interessen:

- Er möchte seine Arbeit bewältigen.
- Er möchte dabei nicht gestört werden.
- Er möchte wissen, welche Botschaften ihn mit der Post erreichen.
- Er möchte seine Arbeit sortieren, z. B. nach „wichtig", „weniger wichtig" und „unwichtig".

- Er möchte möglichst wenig auf seinem Schreibtisch behalten, also nur die Kategorien „Wichtig“ und „Dringend“.
- Er will von Vorteilen erfahren, die dem Unternehmen nützlich sind.
- Noch mehr interessieren ihn Vorteile, die ihm selbst nützlich sind.
- Er will wissen, was ihn dieser Mehrwert kostet.
- Er will bei Interesse schnell antworten können.

Gehen Sie nicht davon aus, dass er jede Abwechslung begrüßt. Langeweile ist im Alltag von Entscheidern nicht zu erwarten. Was können Sie also in dieser Situation tun, um das Interesse des Empfängers zu wecken? Wo und wie können Sie ihn *abholen*? Dazu versetzen Sie sich in die Situation des Empfängers. Welche Probleme und Bedürfnisse hat Ihr (potenzieller) Kunde?

3. Welche Probleme beschäftigen ihn bezüglich des Werbebriefs?

- Er will bei Ihrem Angebot nicht auf einen Betrug hereinfallen.
- Er will sich der Richtigkeit seiner Entscheidungen sicher sein.
- Die Entscheidung muss in seinen Kompetenzbereich fallen.
- Es darf keinen Zweifel an der zugesicherten Qualität geben.
- Das Preis-Leistungs-Verhältnis muss klar erkennbar sein.
- Er wünscht sich einen Mehrwert, einen Zusatznutzen.

ACHTUNG

IMMER PRÜFEN

Prüfen Sie, welche Elemente Ihr Anschreiben enthält, um diesen Bedürfnissen seitens des Empfängers zu begegnen. Geben Sie dem Empfänger Sicherheit, einen Preisvorteil und einen Zusatznutzen. Achten Sie darauf, dass Sie den richtigen Entscheider ansprechen.

4. Wie definiert sich die Branche?

Während das Handwerk sich traditionell durch Fleiß und Fachkompetenz definiert und als bodenständig gilt, lässt sich der Geldanlagebereich eher durch Informiertheit und Cleverness beschreiben. Juristen werden auf Korrektheit und Systematik achten, im Wissenschaftssektor sind die Schlüsselbegriffe Qualifikation und Reputation.

Ingenieure werden nach Funktionsweisen und Struktur fragen, während Modehäuser auf Trends und gesellschaftliche Veränderungen achten. Achten Sie also auf das berufliche Selbstverständnis Ihrer Zielgruppe. Je besser Sie dieses aufgreifen, desto näher sind sie am Kunden!

CD-ROM **BAUEN SIE DAS SELBSTVERSTÄNDNIS IHRER ZIELGRUPPE EIN** SCHRITTE

Beschreiben Sie die spezielle Sichtweise Ihrer präferierten Zielgruppe.

Bemerkungen:

1 **Was ist ihr wichtig?**

2 **Welche Sprache kommt an?**

3 **Welches sind die zentralen Themen?**

5. Welchen Sprachstil pflegt Ihre Zielgruppe?

Jede Berufsgruppe hat ihre eigene Fachsprache. Die Sprachebene orientiert sich stark an Bildung und gesellschaftlichem Rang. Außerdem gibt es Unterschiede im Sprachgebrauch der Generationen wie auch der Geschlechter. Senioren mögen in der Regel keinen Teenager-Jargon, viele Frauen bevorzugen einen weicheren, einfühlsameren Sprachstil, während Männer oft eine etwas nüchterne Sprache vorziehen. Je genauer Sie Ihre Zielgruppe hinsichtlich Alter, Geschlecht, Beruf, Bildung und Selbsteinschätzung kennen, desto exakter können Sie die Ansprache formulieren.

ACHTUNG **ÜBERZEUGEN SIE DURCH INDIREKTE INFORMATIONEN**

Der zurückhaltende, aber gezielte Einsatz von Fachbegriffen signalisiert dem Leser, dass er es hier mit einem Insider zu tun hat. Das ist eleganter als eine lange Aufzählung der eigenen Qualifikationen.

6. Welche Wahrnehmung hat der Entscheider?

Angenommen, Ihr Mailing ist tatsächlich beim Entscheider angekommen. Die erste Frage, die er sich stellen wird, ist: „Möchte ich wissen, was im Brief angeboten wird oder möchte ich mir die Zeit sparen?"

Wenn Ihr Mailing auf Anhieb als Werbebrief identifizierbar ist, so sollte er schon auf dem Umschlag für seine Inhalte werben. Machen Sie ein unwiderstehliches Versprechen, das den Leser neugierig macht. Denn je verheißungsvoller der Inhalt, desto eher wird Ihr Mailing gelesen.

Wenn Sie Ihren Werbebrief nicht als solchen erkennbar machen möchten, dann gestalten Sie ihn ganz dezent. Vielleicht verwenden Sie Umschläge aus hochwertigem Papier – ohne Fenster – und schreiben die Adresse handschriftlich darauf! Sie können auch Ihren Namen als Absender oben links mit Titel und Position in dezenter Schrift aufdrucken. Je persönlicher das Kuvert anmutet, desto wichtiger erscheint dem Empfänger der Inhalt.

7. Wie kann der Interessent überzeugt werden?

Vergegenwärtigen Sie sich zunächst, dass der Empfänger Ihres Mailings von sich aus ganz konkrete Anforderungen an Ihr Produkt stellt. Darauf müssen Sie wie in einem Verkaufsgespräch Antworten und Lösungen parat haben. Teilen Sie dem Interessenten mit, was Ihr Produkt alles besonders gut kann, welche Vorteile es dem Kunden verschafft und weshalb der Preis attraktiv ist.

Setzen Sie am Ende Ihres Briefes noch ein überzeugendes Extra-Bonbon drauf und belohnen Sie seine schnelle Reaktion mit einem zusätzlichen Bonus. Wenn ihn das alles nicht überzeugt, dann geben Sie ihm die Möglichkeit, Ihnen seine eigenen Vorstellungen und Wünsche auf dem Antwortbogen mitzuteilen. Präsentieren Sie sich als der Spezialist für individuelle Lösungen.

BEISPIELE FÜR OFFENE FORMULIERUNGEN IM RESPONSE-ELEMENT BEISPIEL

- Ich interessiere mich für andere Produkte: ...
- Ja, senden Sie mir weitere Informationen zu Modell ...
- Meine persönlichen Wünsche/Anregungen: ...

8. Was soll der Werbebrief vermitteln?

Die Verlockung ist groß: Wenn der Empfänger den Brief schon einmal in Händen hält, soll er doch möglichst umfassend informiert werden. Das betrifft einerseits die zahlreichen guten Argumente und Vorzüge des Produkts. Beschränken Sie sich hier unbedingt auf die wichtigsten, also diejenigen, die dem Kunden den größten Vorteil versprechen. Dass Ihrem Produkt auch eine Betriebsanleitung in Isländisch beiliegt, gehört nicht in den Werbebrief. Es ist klar, dass Sie am liebsten *alle* Vorzüge aufführen möchten, aber bedenken Sie, dass Ihre Leser nur jeweils etwa vier Dinge zugleich bewusst verarbeiten können. Bieten Sie mehr Informationen, laufen Sie Gefahr, dass Ihre Empfänger das Angebot ganz einfach deshalb ablehnen, weil es ihnen zu viel Arbeit macht.

Die andere Verlockung ist die, dem beworbenen Produkt gleich noch das übrige Sortiment an die Seite zu stellen. Der Gedanke dabei: Wenn das angebotene Produkt nicht gefällt, dann tut es vielleicht dieses oder jenes. Im Endeffekt wird der Kunde mit Informationen überhäuft, und er empfindet es als mühsam, das Angebot erst einmal zu sortieren. Zudem fällt es bei zu vielen Optionen schwer, dem Kunden klare Handlungsanweisung zu geben, nach dem Motto: „Sie brauchen nur hier ausfüllen und schon erhalten Sie ...“

Fokussieren Sie daher in Ihren Werbebriefen möglichst auf ein Produkt, arbeiten Sie die Kernaussagen heraus und stützen Sie diese mit guten Argumenten. So erhält Ihr (potenzieller) Kunde ein leicht verständliches Angebot, auf das es ihm leicht fallen sollte zu reagieren. Wenn Sie Optionen anbieten, beschränken Sie sich auf eine überschaubare Anzahl, am besten auf drei Optionen.

Übrigens: Wenn Ihr Empfänger nach der Lektüre des Mailings in der Fußzeile liest, wo Ihr Gerichtsstand ist, wie die Bankverbindung lautet und wo Sie im Handelsregister eingetragen sind, so erhält das Schreiben einen eher offiziellen, amtlichen Touch. Je nach Branche und Produkt kann das sogar gewünscht sein. Bedenken Sie jedoch, dass es in den meisten Fällen wenig zur Aufnahme einer neuen Geschäftsbeziehung animiert, wenn man schon vorweg mitgeteilt bekommt, wo man sich später vor Gericht treffen wird.

Zum Abschluss des Themas noch ein schönes Beispiel, wie ein Dienstleistungsunternehmen zwar mit guter Absicht, aber doch an seinen Kunden vorbei schreibt. Ein Verzicht auf das Mailing wäre in diesem Fall bestimmt die bessere Wahl gewesen.

BEISPIEL **NEGATIV-BEISPIEL: VERSUCH EINER „PERSÖNLICHEN ANSPRACHE"**

Firma Mustermann
Herr Martin Muster
Musterstr. 13
12345 Musterhausen

Ihr persönlicher Kundenbetreuer

Sehr geehrte Damen und Herren,

Ihre Zufriedenheit ist unser höchstes Ziel!

In Umfragen und bei persönlichen Gesprächen haben Sie mehrmals geäußert, dass die persönliche Kundenbetreuung und der reibungslose Ablauf, besonders auch im Falle von Urlaubsvertretungen, Ihnen sehr am Herzen liegt, was wir selbstverständlich gerne möglich machen wollen.

Heute informieren wir Sie, damit Sie immer klar wissen, an wen Sie sich wenden können. Ihr persönlicher Ansprechpartner ist
Markus Motzentau 01234 – 44 55 66 oder
Martina Maienkäfer 01234 – 44 56 67.

In Vertretung, bei Krankheit oder Urlaub, sind das
Monica Morgenwetter 01234 – 44 57 77 und
Max Mittelsberger 01234 – 44 58 77.

Natürlich sind wir persönlich auch weiterhin per E-Mail erreichbar:
info@mustermann.de oder per Fax 01234 – 44 55 99.

Sollten Sie noch Fragen haben, wenden Sie sich bitte an die Teamleiter
Frau Madalenicka Mrfatu 01234 – 44 58 76 oder
Herrn Marco Münsterländer-Minz 01234 – 44 57 87.

Mit freundlichen Grüßen
Ihre persönliche Kundenbetreuung

Und – fühlen Sie sich „persönlich kundenbetreut"? Das Thema des Briefes ist der persönliche Bezug, doch gleich in der Anrede heißt es „Sehr geehrte Damen und Herren, ...", obwohl Herr Martin Muster namentlich im Adressfeld steht. Und wie wirkt die Formulierung „Ihre Zufriedenheit ist unser allerhöchstes Ziel!" auf Sie? Überzeugend? Nichtssagend? Beliebig? Nett? Allgemein? Durch den Zeilenumbruch klebt der folgende Bandwurmsatz förmlich unter dieser Offenbarung. Eine Leerzeile würde dem „allerhöchsten Credo" noch mehr Raum geben, um sich zu entfalten. Als Nächstes fragt sich der Kunde zwangsläufig, wer da was – mehrmals – geäußert hat. Andere Kunden bei einer Befragung? Man selbst? Die Formulierung „gerne möglich machen wollen" sagt nicht, dass etwas passieren wird. Lediglich die Absicht, etwas machen zu wollen, wird hier vermittelt. Reicht das? Zählen nicht die Fakten? Der Satz „Heute informieren wir Sie ..." schließlich ist überflüssig. Probieren Sie es ohne ihn: Der Brief gewinnt.

ACHTUNG

VERMEIDEN SIE ÜBERFLÜSSIGES

Kündigen Sie nicht an, was Sie gleich sagen werden. Tun Sie es einfach

Nach der Anrede wird nun das zweite Mal gegen die Kohärenz verstoßen: Zwei Ansprechpartner sind gut gemeint, aber einer wäre eindeutiger und leichter zu merken. Doch damit nicht genug: Zwei weitere werden für Vertretungsfälle genannt. Und schließlich grüßen zwei ganz andere – von der Teamleitung. Wäre es nicht wünschenswert, dass mir „mein persönlicher Kundenbetreuer" auch selbst schreibt? Der Gruß setzt der Unpersönlichkeit des Anschreibens noch die Krone auf: Dort verabschiedet sich „mit freundlichen Grüßen" „Ihr persönlicher Kundenbetreuer" – ja welcher denn nun? – ohne Unterschrift!

Wie kommen Sie zu guten Adressen?

Die großen Versandhäuser haben Kundenadressen wie Telefonbücher. Die meisten Unternehmen verfügen hingegen nur über einen relativ überschaubaren Kundenstamm. Dabei wäre es für viele durchaus wünschenswert, neue Kunden hinzuzugewinnen. Doch woher erhalten Sie qualifizierte und relevante Adressen?

Dieses Kapitel informiert rund um die Adresse. Die Themen sind:

- Aktualität
- Datenverwaltung
- Listbroker
- Mehrfachnutzung
- Personalisierung
- Dubletten
- Adressenverlage

Ideal ist, wenn Sie Ihre Kundendaten bereits in elektronischer Form gespeichert und gepflegt haben. Ansonsten sollten Sie sich die Mühe machen, eine aktuelle Datenbank mit allen Ansprechpartnern anzulegen. Neben den Adress- und Kontaktdaten sind dabei insbesondere die bisherigen Kaufgewohnheiten interessant. Vergessen Sie auch nicht die Daten von Interessenten aus Korrespondenzen und Anrufen mit aufzunehmen. Damit haben Sie die ideale Ausgangsbasis für eine erfolgreiche Mailing-Aktion.

Möglicherweise wollen Sie aber den Kreis der bestehenden Kunden erweitern und Neukunden dazugewinnen. Für gewerbliche Adressen stehen Ihnen mehrere Quellen zur Verfügung, z. B. Mögliche Quellen für Unternehmensadressen sind:

- Verbände, Genossenschaften, IHK, Innungen, Handwerkskammern
- Branchenbücher, Branchen-CD-ROMs
- Fachzeitschriften, Stellenanzeigen
- Bezugsquellenverzeichnisse
- Messekataloge, Ausstellerverzeichnisse
- Adressenanbieter

Abhängig von der angestrebten Qualität lohnt sich vielleicht die Mühe, spezielle Adressen von Hand zu erfassen. Für die Sammlung größerer Adressmengen wird dieses Vorgehen zu zeitintensiv. Bei speziellen Produkten wie z. B. Webmaschinen gewinnen Sie leicht und schnell einen Überblick über mögliche Abnehmer, bei Massenprodukten wie Reißverschlüssen fällt die Ermittlung potenzieller Abnehmer deutlich schwerer.

Adressenverlage bieten Firmenadressen aufgeschlüsselt nach vielerlei Kriterien wie Branche, Postleitzahl, Größe etc. in nahezu beliebiger Menge. Wichtigstes Kriterium ist die Qualität der Kontaktdaten. Enthalten sie den (aktuellen!) Ansprechpartner mit Namen, Position, Titel und Verantwortungsbereich, so steigen damit die Erfolgschancen Ihres Mailings. Manche Anbieter sind spezialisiert auf Firmenprofile, diese enthalten Informationen zu Geschäftstätigkeit, Umsatz, Beschäftigtenzahlen, Beteiligungen, Niederlassungen und Angaben zu Geschäftsleitung und Management. Je nach Art Ihres Angebots ist daher vorab zu überlegen, welche Informationen nützlich für Sie sind.

Bezüglich der Nutzungsart können Sie wählen zwischen Einfachmiete (einmalige Nutzung) der Adressen, Jahresmiete/Leasing (Mehrfachnutzung innerhalb eines festgelegten Zeitraums), Kauf (uneingeschränkte eigene Nutzung auf dem derzeitigen Stand) und Abonnement (fortlaufende Aktualisierung der Daten). Bedenken Sie bei der Kaufoption, dass Adressdaten schnell veralten.

Neben den Adresseignern gibt es auch Listbroker, die etwas billiger sind, aber keine eigene Datenpflege betreiben. Sie beraten bezüglich der Adressenauswahl und vermitteln geeignete Daten der Adressenverlage oder anderer Quellen. Bezüglich der Aktualität sind sie auf die Datenpflege des jeweiligen Lieferanten angewiesen. Erkundigen Sie sich daher auf jeden Fall nach der Aktualität der angebotenen Adressdaten. Der DDV vergibt das Qualitätssiegel *Council Listbroker* als Nachweis für hohe Qualität. Daran können Sie sich orientieren.

LISTBROKER-SUCHE IM INTERNET ONLINE @ RAT

Unter www.listbroker-ausschreibung.com finden Sie kostenlos passende Listbroker für Ihren individuellen Bedarf.

Datenverwaltung: So bleiben Ihre Datensätze aktuell

Egal woher Sie Ihre Daten beziehen: Die zentrale Frage ist die des richtigen Ansprechpartners im Unternehmen. Denn schreiben sie einfach nur an die Abteilung, z. B. Einkauf, laufen Sie Gefahr, dass sich dort niemand zuständig fühlt. Landet Ihr Werbebrief beim Falschen, so ist es unwahrscheinlich, dass das Schreiben intern an die richtige Entscheiderstelle weitergeleitet wird.

Wer ist Ihr richtiger Ansprechpartner im Unternehmen – der Geschäftsführer, der Personalchef, der IT-Leiter, der Marketing-, Produktions- oder Projektleiter? Ein Anruf in der Zentrale bringt hierüber oft Klarheit. Oder Sie nutzen die Informationen der Adressenverlage. Ist ein (richtiger und aktueller) Ansprechpartner mit Telefonnummer angegeben, so sind die Daten viel wertvoller für Sie als „nackte" Firmenadressen.

Achten Sie bei Adressenanbietern unbedingt auf die Aktualität und den Umfang der Datensätze. Im Bereich der Firmenadressen spielt besonders die heutzutage starke Fluktuation in Entscheiderpositionen eine wichtige Rolle. Hinzu kommen jährlich etwa 200.000 Adressänderungen, 500.000 Unternehmensgründungen und 400.000 Liquidationen (Quelle: Fa. Acxiom, Bundesministerium für Wirtschaft und Arbeit, Institut für Mittelstandsforschung).

ACHTUNG

KEINE MEHRFACHNUTZUNG!

Wenn Sie gemietete Adressen nur ein Mal verwenden dürfen, sollten Sie sich unbedingt an diese Regelung halten. Die Verlage prüfen Mehrfachnutzungen mithilfe von Kontrolladressen

Alternativ zum einmaligen Mieten von Adressen werden Abonnements angeboten. Für eine jährliche Gebühr können die Datenbanken unbeschränkt genutzt werden. Der Vorteil: Der Adressenverlag kümmert sich um eine fortlaufende Aktualisierung der Daten. Selbstverständlich sind die durch eine Aktion geknüpften Neukontakte weiterhin frei nutzbar und sollten umgehend in Ihre Datenbank eingepflegt werden.

Auch im Privatkundenbereich ist Aktualität der Adressen von großer Bedeutung, verlieren doch jährlich Millionen Privatadressen infolge Umzug, Heirat, Tod oder Auswanderung an Aktualität. Allein sechs bis acht Millionen Menschen ziehen jährlich um. Hinzu kommen Umbenennungen von Straßen und andere Änderungen in der Anschrift. Die Firma Acxiom bietet auf der Website www.umzugsauskunft.de neben der Prüfung der Adressen auf Aktualität auch die neue Anschrift und eine diskrete Bonitätsprüfung potenzieller Kunden. Zu empfehlen ist auch die Eliminierung der „Nixies“, der als unzustellbar erfassten Adressen.

Personalisierung: Finden Sie den richtigen Ansprechpartner

Haben Sie keinen Namen von einem Ansprechpartner oder Sie sind sich nicht sicher, dann empfiehlt es sich, den Namen und die richtige Schreibweise des Geschäftsführers oder Abteilungsleiters durch einen kurzen Anruf in der Zentrale des Unternehmens zu verifizieren. Das müssen Sie natürlich nicht selbst tun, achten Sie aber darauf, dass Aufwand und erwarteter Nutzen in einem gesunden Verhältnis zueinander stehen. Bei größeren Auflagen wird es günstiger sein, qualifizierte Adressdatensätze zu benutzen.

Bei Privatadressen stehen Ihnen als mögliche Quellen Telefonbücher, Telefon-CD-ROMs und Einwohnerverzeichnisse der Kommunen zur Verfügung. Telefon-CD-ROMs ermöglichen oft das Kopieren der kompletten Adresse, Einwohnerverzeichnisse bieten eine nach Straßen sortierte Auflistung – vorteilhaft, wenn Sie beispielsweise nur den Stadtteil um Ihr Geschäft herum anschreiben wollen.

Um Haushalts-Datensätze zu erhalten, die Sie nach Alter, Einkommen, Bildungsstand, Berufsgruppe, Interessen, Wohnverhältnissen, Familienstand, Region etc. sortieren und auswerten können, sind Sie ebenfalls auf Adressenverlage angewiesen.

Bitte vermeiden: Dubletten

Jeder, der mit Ihnen Kontakt aufnimmt, sollte in die Kundendatenbank aufgenommen werden. Das gilt natürlich auch für die Response-Adressen Ihrer Mailing-Aktion. So wächst Ihre Kundendatei mit der Zeit zu einem wertvollen Marketinginstrument heran. Dabei kommt es jedoch häufig zu doppelten Adressdaten. So können in Ihrer Datenbank z. B. auftauchen:

- Hans Maier
- H.-J. Maier
- H. Maier
- Hans-Jakob Maier
- Maier, Dipl.-Ing.
- Maier

Bei gleicher Adresse handelt es sich dabei sehr wahrscheinlich um ein und dieselbe Person. Sowohl im privaten wie auch im geschäftlichen Kontakt ist es unerfreulich, mehrmals vom gleichen Versender angeschrieben zu werden. Dies signalisiert sofort: Die Adresse stammt aus einer langen Liste, die zudem nicht auf Dubletten geprüft wurde. Also nicht nur Massenaussendung, sondern auch noch mangelnde Sorgfalt. Zusammengefasst sind folgende Nachteile von Dubletten zu nennen:

- Beim Empfänger entsteht der negative Eindruck einer Massenmail.
- Das Unternehmensimage leidet unter der mangelnden Sorgfalt im Umgang mit Kundendaten.
- Je nach Umfang der Aussendung entstehen Produktions- und Versandkosten von ein paar Hundert bis zu mehreren Tausend Euro.
- Das Ergebnis der Erfolgsmessung der Aktion wird verfälscht.

Selbst gepflegte Adressbestände weisen oft einen Dublettenanteil von fünf Prozent auf. Das bedeutet für Ihre Mailing-Aktion mit 5.000 Exemplaren als Infobrief allein Portokosten von 100 Euro zuzüglich der Herstellungskosten, die Sie einsparen könnten. Bei der Versendung von Katalogen wird das Einsparpotenzial um ein Mehrfaches größer.

Bei Stammkunden liegt die Gefahr von Dubletten sogar noch deutlich höher. Durch den häufigeren Kontakt (mit unterschiedlichen Mitarbeitern) werden die Daten immer wieder in neuen Variationen erfasst:

- Spedition Mayer
- Spedition Ludwig Mayer GmbH
- Mayer Transporte GmbH
- Mayer, Ludwig Spedition

Eine Eingabe nach telefonischem Kontakt berücksichtigt zudem oft nicht die korrekte Schreibweise, was das Aufspüren von Dubletten zusätzlich erschwert: Eine „Ludwig Meier GmbH“ erscheint nicht in der Liste „Mayer“.

Daher empfiehlt sich unbedingt der Abgleich mit einer guten Software. Diese korrigiert auch gleich falsch geschriebene Straßen- oder Ortsnamen, prüft und ergänzt fehlende Postleitzahlen.

Adressverwaltungsprogramme bieten unterschiedliche Prüf- und Auswahlkriterien, jedoch können zwischen den oben aufgeführten Namensbeispielen viele andere „Maier" stehen, sodass der mögliche Bezug (gleiche Adresse) zwischen Hans Maier und H.-J. Maier nicht unbedingt auffällt. Daher empfiehlt sich eine Sortierung nach Straße und Hausnummer. Dubletten unter gleicher Adresse werden gelöscht.

Für größere Mailing-Aktionen: Adressenverlage

Anbieter von Adressdaten sind teilweise auf bestimmte Segmente wie Firmen-, Privat- oder Branchenadressen spezialisiert. Die Kosten pro Adresse hängen stark von der bestellten Menge und der Qualifikation ab, d. h. die Adresse ist wertvoller und teurer, wenn der für Ihr Anliegen richtige Ansprechpartner mit Abteilung und Durchwahl genannt ist. Die Preise reichen von fünf bis 140 Cent je Adresse und liegen meist zwischen 15 und 50 Cent. Die Recherche einer neuen Adresse ist mit rund fünf Euro ungleich teurer (Quelle: Fa. Axciom). Branchenüblich sind Tausenderpreise, die bei höheren Mengen stark sinken können. So kosten die ersten tausend Adressen vielleicht 300 Euro, das zweite Tausend nur noch 200 Euro etc. Zusatzkosten für Selektion etc. werden ab 5.000 Adressen oft kostenlos angeboten, sodass bei größeren Mengen weitere Einsparungen möglich sind – durchaus ein Anreiz, die Aktion von vornherein etwas größer anzulegen. Grundsätzlich müssen Sie entscheiden, ob Sie viele Firmen günstig (z. B. ohne Ansprechpartner) anschreiben wollen, oder ob es sinnvoller ist, mit hochwertigen Adressen die jeweiligen Entscheider anzusprechen. Auch der Radius Ihrer Aktion kann bedeutend sein. Neben der Selektion nach Postleitzahl-Bereichen gibt es weitere Kriterien wie Firmengröße oder Branche.

BEISPIEL

SELEKTION IM MASCHINENBAU

Stellen Sie Rückschlagventile her, so ist es nicht sinnvoll, den Kreis möglicher Abnehmer durch eine Selektion nach der Postleitzahl zu verkleinern, da Sie bundesweit tätig sind. Besser ist es, die Firmen unter zehn Beschäftigten auszusortieren und bestimmte Tätigkeitsfelder wie Fahrzeugbau, Regelungstechnik und Hydraulik bevorzugt anzuschreiben.

Lassen Sie sich von einem Adressprofi beraten, um eine optimale Auswahl für Ihre Aktion zu treffen. Mit der Qualität des Adressmaterials steht und fällt Ihr Erfolg. Adressenverlage und Listbroker finden Sie in den Gelben Seiten unter der Rubrik Direktwerbung.

ONLINE @ RAT

ZUGANG ZU ADRESSDATENBANKEN IM INTERNET

Unter www.adressdatenbanken.de finden Sie neben aktuellen, internationalen Adressen auch Adress-CD-ROMs der Vorjahre zu günstigen Preisen.

Was muss Ihr Werbebrief vermitteln?

... Ja, natürlich auch Produktinformationen und Konditionen. Aber dieser Sachebene zugrunde liegt eine emotionale Basis, die Sie mit Ihrem Kunden verbindet. Vertrauen ist hier von großer Bedeutung.

Dieses Kapitel beschäftigt sich mit

- den vier Ebenen der Kommunikation,
- Glaubwürdigkeit,
- Kohärenz,
- dem Kundennutzen,
- dem Wert von Unternehmensphilosophien und
- der zentralen Bedeutung von Motiven.

Es sind die Kernpunkte erfolgreicher Kundenkommunikation – nicht nur für das Briefmedium.

Die Kommunikationspsychologie nennt vier Antwortmöglichkeiten des Empfängers auf Ihren Beziehungsvorschlag (Werbebotschaft):

- Zurückweisen
- Durchgehen lassen
- Ignorieren
- Annehmen

Davon ist lediglich das Annehmen für Sie wertvoll. Ihr angestrebter Erfolg ist eine positive Antwort des Empfängers. Ihr Empfänger wird Ihnen aber nur antworten, wenn er überzeugt ist, und zwar nicht nur von Ihrem Angebot, sondern auch von Ihnen. Er muss Ihnen vertrauen können, um mit Ihnen Geschäfte zu machen. Daher ist oberstes Gebot, Sympathie und Vertrauen zu schaffen. Das erreichen Sie, indem Sie glaubwürdig und schlüssig auftreten. Dazu gehört neben Ihrem Mailing auch ein stimmiger Webauftritt und auf das Unternehmensprofil abgestimmtes Informationsmaterial wie Broschüren oder Flyer.

ACHTUNG

SCHREIBEN SIE PERSÖNLICH

Das Allerwichtigste für Ihren Erfolg ist Ihre Einstellung gegenüber dem Empfänger. Sie haben es hier nicht mit einem „Heer" von 10.000 Datensätzen zu tun, und auch nicht mit „Zielgruppen" oder einer „Kundenstruktur". Wenn Sie Ihren Werbebrief schreiben, so schreiben Sie ihn persönlich. Dabei hilft es, wenn Sie sich vorstellen, Sie vermitteln Ihre Informationen einem ganz konkreten Kunden in einem persönlichen Verkaufsgespräch. Versetzen Sie sich in die Lage des Empfängers und bieten Sie Lösungen an.

Das folgende Muster zeigt eine sehr persönliche, lösungsorientierte Ansprache, bei der man sieht, dass der Absender hinter seinem Angebot steht und die Situation des Empfängers versteht.

MUSTER: LÖSUNGSORIENTIERTES ANSCHREIBEN

Eine Sorge weniger ...

Sehr geehrter Herr Dr. Stahlgießer,

was machen Sie bei personellen Engpässen im Management? Es ist verzwickt: einerseits müsste die Position dringend besetzt werden, andererseits lohnt es nicht, „für die kurze Zeit" jemanden fest einzustellen. Und dann dauert die Phase doch länger als erwartet, die Arbeit bleibt liegen, die Qualität leidet, die Produktion gerät in Verzug.
Mein Angebot: ein produktionserfahrener, zertifizierter Qualitätsmanager, der auf so gut wie allen Positionen schnell voll einsatzbereit ist. Sei es in der Produktion, in der Beschaffung, im Reklamations- oder Lieferantenmanagement.

Absolut zuverlässig, diskret und loyal.

Für genau so lange, wie Ihr Bedarf andauert. Ohne Kündigung und Abfindung. Fair und flexibel, unbürokratisch, effektiv.
Und wenn Ihr Bedarf umfangreicher ist, so vermittle ich Ihnen gerne qualifizierte Kollegen und kooperierte Partner.

Ich hoffe, Sie haben nun eine Sorge weniger.

Mit freundlichen Grüßen

Dr.-Ing. Gernot Frankenhorst
Interimsmanager

Die vier Ebenen der Kommunikation

Beim Verfassen von Werbebriefen ist es gut zu wissen, dass wir bei allen Mitteilungen auf vier Ebenen zugleich kommunizieren. Zum einen senden wir (bewusst) Sachinhalte, zum zweiten geben wir (auch zwischen den Zeilen) Informationen über uns selbst preis, zum dritten offenbaren wir (meist unbewusst) unsere Einstellung zum Empfänger und zum vierten senden wir (offen oder versteckt) einen Appell an ihn. Dabei ist sowohl interessant, was mitgeteilt, wie auch, was ausgeklammert wird.

BEISPIEL

NEGATIV-BEISPIEL: EINLADUNG ZUR PROBEFAHRT

Sehr geehrter Herr BLUMIG,

der neue Stratos Matador XXL mit souveränen 180 PS und der einzigartigen Selbstüberholungsautomatik steht für Sie völlig unverbindlich bis zum 24.11. zur Probefahrt bereit. Bitte vereinbaren Sie mit unserem Herrn Finkenbein unter Tel. 01234-889900 einen Termin und überzeugen Sie sich von den überragenden Eigenschaften dieses meisterhaften Automobils.

Hochachtungsvoll

Gerd G. Grassmüller
Sales Strategy Manager

PS: Wir bieten Höchstpreise für Ihren Gebrauchten!

Und, was sagt Ihnen dieser Brief? Sind Sie überzeugt? – Betrachten wir dazu alle vier Kanäle: Sachlich ist klar, dass Sie zu einer Probefahrt eingeladen werden. Das Fahrzeug ist wohl recht attraktiv, die Einladung terminlich begrenzt und an eine telefonische Voranmeldung geknüpft. Außerdem wird Ihnen signalisiert, dass hier hohe Gebrauchtwagenpreise geboten werden. Nicht informiert werden Sie über wichtige Aspekte wie den Preis, Verbrauch oder Ausstattungsvarianten des beworbenen Fahrzeugs. Was gibt der Absender über sich selbst preis? – Name, Funktion (Vertriebsstratege!) und eine sehr (übertrieben) formelle Höflichkeit („Hochachtungsvoll“).

Schon mehr vermittelt er darüber, wie er zum Empfänger steht: Seinen Namen in Großbuchstaben einzudrucken zeigt, dass vermutlich aus einer (großen) Adressenliste Serienbriefe erstellt wurden. Weiterhin: „Völlig unverbindlich“ steht im Widerspruch zum PS, das die Verkaufsbestrebungen offenbart. Die „Unverbindlichkeit“ wirkt dadurch scheinheilig. Es geht auf der Beziehungsebene nicht um Herrn Blumigs Interessen, sondern eindeutig um das Verkaufsbestreben des Autohauses. Das ist zwar legitim, aber wie Sie sehen keinesfalls verkaufswirksam. Die „einzigartige Selbstüberholungsautomatik" soll beeindrucken, in der Hoffnung, dass sich Herr Blumig nicht die Frage stellt, ob er diesen Schnickschnack überhaupt braucht und haben will.

Der Appell ist klar: kommen, beeindruckt werden, unterzeichnen und den alten Wagen gleich da lassen. Und, haben Sie nun Lust auf eine Probefahrt?

Wichtig: Sie haben kaum Einfluss, mit welchem „Ohr" der Leser Ihre Botschaft empfangen wird. Persönliche Prägung, schlechte Erfahrungen, momentane Verstimmtheit – schon werden Sie selbst mit einem freundlichen Ton auf Ablehnung stoßen, sobald der Leser auch nur die kleinste Unstimmigkeit entdeckt. Daher ist es sinnvoll, die Wirkung Ihres Werbebriefs auf allen vier Sendekanälen zu prüfen und ggf. unerwünschte Botschaften zu korrigieren.

Glaubwürdigkeit: Damit überzeugen Sie

Menschen haben ein feines Gespür dafür, ob sie einer Botschaft Glauben schenken dürfen. Gute Mailings entstehen von innen heraus – aus Ihrer Unternehmensphilosophie: Vermitteln Sie das, was Ihr Unternehmen ausmacht, mit Bezug zu den Kundeninteressen und versehen mit einem attraktiven Angebot. Ein ansprechendes Layout unterstützt die Botschaft mit einer sympathischen Optik. Prüfen Sie diesbezüglich unbedingt alle Mailing-Bestandteile vor der Produktion.

KEINE SELBSTDARSTELLUNG! ACHTUNG

Vermitteln Sie Ihre Unternehmensphilosophie indirekt und machen Sie Ihre Einstellung für den Empfänger „spürbar". Die direkte Erfahrung ist der reinen Theorie stets überlegen.

Selbst große Unternehmen, die früher als Garanten für Zuverlässigkeit und Konstanz galten, sind in der heutigen Vertrauenskrise mehr oder weniger zu Recht in Misskredit geraten. Sie werden also nicht allein mit einem großen Namen punkten können – der Kunde ist durch Skandale verunsichert und glaubt im Zweifelsfall niemandem. Zudem erschwert die Unüberschaubarkeit von Konzernstrukturen den persönlichen Bezug und damit das Vertrauen. Fusionen und häufig wechselnde Ansprechpartner haben diese Tendenz noch verstärkt.

Glaubwürdigkeit lässt sich nur herstellen und auch aufrechterhalten, wenn die Firmenphilosophie den werblichen Aussagen voll und ganz entspricht und diese Philosophie im Bewusstsein der Mitarbeiter verankert ist. Alles andere ist lediglich freundlicher Schein, der sich oftmals schon beim ersten Kontakt mit dem Unternehmen in Nichts auflöst. Es reicht nicht, überschwänglich die Kundenfreundlichkeit zu betonen – der Kunde erwartet keine Postulate, sondern Taten. Hier ein Beispiel für ein glaubwürdiges Mailing zur Kundenpflege:

MUSTER

MUSTER: GLAUBWÜRDIGE KUNDENPFLEGE

CD-ROM

Ihre Hausfinanzierung

Guten Tag, liebe Familie Langenziel,

sicherlich ist Ihnen die Vorbereitungsphase für Ihre Hausfinanzierung noch in guter Erinnerung. Mit einem edlen Tropfen möchte ich Ihnen heute Dank sagen, dass Sie mit dieser wichtigen Angelegenheit unser Büro beauftragt haben.

Tatsächlich gibt es eine schöne Gemeinsamkeit zwischen Finanzierungsplanung und Wein – wirkliche Qualität zeigt sich bei beiden erst nach Jahren.

So hoffe ich, Sie sind mit den damals getroffenen Entscheidungen immer noch glücklich. Falls sich Ihre Lebensumstände inzwischen verändert haben, könnte es vorteilhaft sein, Ihre Finanzplanung den neuen Gegebenheiten anzupassen. Wenn Sie wünschen, prüfe ich dies für Sie kostenlos – ein Anruf genügt.

Mit besten Grüßen

Ihr Bodo Blumberg
Finanzierungen und Vorsorgeplanung

Wenn Sie in Ihrem Werbebrief Verkaufsargumente aufführen, so verzichten Sie nicht auf Belege für deren Richtigkeit. Fragen Sie sich immer, an welcher Stelle Ihnen selbst (als Empfänger) Zweifel kommen könnten und welche „Sicherheiten" Sie sich von einem unbekannten Anbieter wünschen würden: Erfolgsnachweise, Testergebnisse, Erfahrung, Zertifikate, Garantien, Empfehlungen, Pressestimmen, Verbandszugehörigkeit.

Kohärenz: So wirken Ihre Werbebriefe stimmig

Kohärenz meint den inneren Zusammenhalt, die Durchgängigkeit des Firmenauftritts. Das betrifft das Unternehmen als Ganzes: die Mitarbeiter, die Produktqualität, den Service, die Anzeigen wie auch die Firmenkommunikation. Ein Brief, bei dem die Umschlaggestaltung mit der Wahl des Papiers, der Farbgebung, dem Layout und dem Sprachstil übereinstimmt, wirkt glaubwürdig, wenn das alles dem Unternehmensbild im Kopf des Empfängers entspricht.

ALLES MUSS AUFEINANDER ABGESTIMMT SEIN BEISPIEL

Eine Privatbank wird einen seriös formulierten Brief wohl kaum in einem rosafarbenen Kuvert versenden. Hier ist die fehlende Kohärenz offensichtlich. Aber auch Übertreibungen oder Widersprüche wie beispielsweise der permanente Dialog aus Unternehmensperspektive, während Sie zugleich behaupten, der Kunde stehe im Mittelpunkt Ihres Interesses, lässt beim Leser das Gefühl von Unstimmigkeit entstehen.

Stimmen Sie den Sprachstil klar auf Ihre Zielgruppe ab und halten Sie diesen Stil konsequent durch: vom Umschlag über Headline, Anrede, Fließtext, Grußformel bis hin zum Response-Element. Stimmen Sie bei Verwendung von grafischen Elementen diese auf den Sprachstil ab. Also keine bunten Bildchen zu einer seriösen Ansprache etc.

MUSTER: BILDERWELT

Sieben auf einen Streich

Guten Tag, sehr geehrter Herr Freiheimer,

mit unserem individuellen Sprachencoaching erschlagen Sie die elementaren sieben Anforderungen an Trainingsprogramme:

1. Analyse des individuellen Schulungsbedarfs
2. speziell auf Ihr Team zugeschnittenes Konzept
3. zeitsparende Inhouse-Schulung
4. zu Zeiten, die sich nahtlos in den Betriebsablauf einfügen
5. vielfältiges Sprachenangebot
6. Erfolgsgarantie und Teilnehmerzertifikat

...und 7. schneiden Sie dabei auch preislich gut ab!

Damit sind Ihre Mitarbeiter topfit und Sie aus dem Schneider.

Wann dürfen wir bei Ihnen Maß nehmen?

Zur Abstimmung eines Termins setzen wir uns kommende Woche mit Ihnen in Verbindung.

Freundliche Grüße

Thorsten Torwald
Geschäftsführer

Um das Thema konsequent „durchzuziehen“, ist es wichtig, das richtige Maß zu finden. Wirken die Sätze zurechtformuliert und Vergleiche bemüht, verliert das Bild seine positive Wirkung. Ebenso bei zu großer Häufung von Bildern. „Verläuft“ sich das Thema hingegen nach der Headline, so wirkt diese im Nachhinein überflüssig. Man fragt sich, wozu das Bild überhaupt bemüht wurde. Ein sprachliches Bild kann auch grafisch vermittelt werden, etwa durch eine diagonal über das Blatt laufende Naht, Nadel und Faden neben dem Gruß, eine Fliegenklatsche oder sieben über das Blatt verteilte Fliegen. Auch hier ist alles sehr abhängig von Ihrer Firmenidentität, Ihrem Produkt und der Zielgruppe. Ein Bild muss einfach passen, sonst verzichten Sie besser darauf.

Denken Sie daran: Ihr Werbebrief ersetzt das Verkaufsgespräch! Untersuchungen des Kommunikationswissenschaftlers Prof. Albert Mehrabian haben ergeben, dass der Erfolg einer Produktpräsentation nur zu rund sieben Prozent von den fachlichen Inhalten wie Produkteigenschaften, Preis oder Lieferfristen abhängt. Zu über 90 Prozent entscheiden Auftreten und akustische Vermittlung des Repräsentanten, ob Ihr Kunde kauft. Nun muss Ihr Werbebrief also die optische Vermittlung Ihrer Firmenpersönlichkeit (Corporate Identity) leisten und die akustische Komponente (Sprachrhythmus, Stimme, Modulation) ersetzen durch den „Klang" des geschriebenen Wortes. Achten Sie daher gewissenhaft auf innere und äußere Kohärenz, sprachliche und bildliche Stimmigkeit, auf ein gesundes Verhältnis von Versprechen und Wirklichkeit.

EIN FEHLER – ALLES FALSCH ACHTUNG

Wenn der Empfänger Ihres Mailings an irgendeinem Element – sei es Kuvert, Headline, Fließtext, Unterschrift, Beilage, PS – Widersprüche entdeckt, so überträgt er die Skepsis auch auf die anderen Bestandteile und somit auf das gesamte Anschreiben! Stellt sich irgendeine Behauptung als unwahr, unglaubhaft, übertrieben oder irreführend heraus, so ist Ihr Mailing gescheitert. Wer Ihren Aussagen nicht durchweg glaubt, wird nicht bei Ihnen bestellen.

Ein kritischer Punkt ist die Bearbeitung des Rücklaufs. Der Interessent hat Ihnen geschrieben oder ruft an. Das Ziel der Aktion ist scheinbar erreicht. Doch wenn die Kundenorientierung in Ihrem Unternehmen noch nicht durchgängig etabliert ist, besteht die Gefahr, dass Sie den Kunden durch unmotivierte oder schlecht vorbereitete Mitarbeiter noch auf den letzten Metern verlieren. Viele Kontakte gehen einfach deshalb wieder verloren, weil am anderen Ende niemand erreichbar oder unfreundlich ist oder die Anfrage mangels Organisation im Tagesgeschäft untergeht. Was aber ist denn das Tagesgeschäft, wenn nicht die Betreuung Ihrer Kunden! Sorgen

Sie daher unbedingt (rechtzeitig) dafür, dass kompetente und motivierte Mitarbeiter sich freundlich um die Anfragen kümmern und Bestellungen prompt erledigen, und zwar auf allen Response-Wegen: Telefon, E-Mail, Post und Fax.

ACHTUNG

RECHTZEITIG DIE KOMMUNIKATION KANALISIEREN

Können Sie nicht alle Kanäle bedienen, schränken Sie diese bereits durch eine entsprechende Gestaltung des Response-Elements ein! Achten Sie darauf, dass das beiliegende Formular sich zugleich für die Antwort per Fax und Brief eignet.

Wenn Sie nicht genügend qualifizierte Mitarbeiter zur Verfügung haben, können Sie für die „heiße Phase" auch Fachkräfte einstellen oder den Rücklauf outsourcen. Adressen hierfür sind Callcenter und Personalvermittlungsagenturen. Der Firmenauftritt, die Kommunikation und die praktische Umsetzung müssen kohärent sein, um Glaubwürdigkeit nach außen wie auch nach innen zu vermitteln.

Motivation: So überzeugen Sie Ihre Kunden

Sie haben bei der Konzeption Ihres Werbebriefs alle Elemente sorgfältig geprüft und Ihre Mitarbeiter auf kompetente Kundenbetreuung eingeschworen. Sie haben ein attraktives Angebot formuliert, und trotzdem bleibt die Reaktion hinter Ihren Erwartungen zurück? Möglicherweise hat all Ihr Bemühen beim Empfänger lediglich ein: „Ja, okay, ganz in Ordnung" ausgelöst. Sie haben Ihre „Botschaft" akzeptabel vermittelt, niemand stört sich daran, aber zugleich ist auch niemand begeistert. Schade, denn Ihre Response-Quote könnte höher sein.

Solchen Reaktionen wirken Sie entgegen, indem Sie die Kraft der Motivatoren nutzen. Zeigen Sie einen Mehrwert, wecken Sie Verlangen. Wenn Ihr Anschreiben emotionslos am Empfänger vorbeigeht, wird er wahrscheinlich auch nicht reagieren.

CD-ROM

MUSTER: FREIZEITEVENT

MUSTER

Fliegen wie ein Stein

Sehr geehrter Herr Dobermann,

genau senkrecht nach unten, aus 2000 Meter Höhe. Wär das nicht was für Sie???

Ein echter Thrill – und dabei ganz ungefährlich, denn Sie springen mit einem erfahrenen Tandempartner. Unser Material wird grundsätzlich doppelt geprüft, zudem sind die Tandems stets mit einem Zweitschirm ausgestattet. Ihre Fragen beantwortet unser Team alle vor dem ersten Sprung.

Eine echt ausgefallene Geschenkidee für Geschäftsfreunde, Partner, Kollegen ...

Bei einer Anmeldung von drei Teilnehmern erhalten Sie einen Start-Vorteil von 20 Euro – für je einen Sprung! Über den erfolgreichen ersten Sprung erhalten Sie eine dekorative Urkunde.

Ich freue mich, Sie demnächst im Springercamp begrüßen zu dürfen! Wenn Sie erst einmal den glücklichen Gesichtsausdruck der Teilnehmer nach der Landung erlebt haben, wird Sie nichts auf der Welt mehr abhalten, ebenfalls zu fliegen wie ein Stein. Wetten dass? Wer am Boden bleibt, erhält ein Erfrischungsgetränk gratis, wer springt drei. Treffpunkt ist samstags von 10–16 Uhr am Fliegerheim, Hangar 3.

Ich freue mich, Sie dort zu begrüßen

Ihr Konrad Kobalt
Fallschirmspringerclub Magerheim

Bei einem entsprechenden Angebot können Sie durchaus sehr krass beschreiben, wie sich der Empfänger fühlen wird. Anschauliche Beschreibungen mit „reeller“ Sinneserfahrung machen das Angebot geistig vorweg erlebbar. Und nichts ist so überzeugend, wie eigenes Erleben.

Die Verwendung von emotional ansprechenden Argumenten erfordert indes einiges Fingerspitzengefühl. Ein Brief zur Gewinnung neuer Spender für eine wohltätige Organisation wird andere Argumente und Emotionen ansprechen als einer vom Modehaus mit der Vorstellung seiner neuesten Kollektion. Der Erfolg hängt in beiden Fällen von der emotionalen Beteiligung der Empfänger ab. Ziel ist doch, dass der Empfänger unser Mailing liest und spontan überzeugt ist. Und so sind auch die Elemente des Schreibens konsequent darauf auszurichten. Nachfolgend werden die emotional stärksten Motivatoren erläutert.

Mehrwert: So wird Ihr Angebot unwiderstehlich

Gleich nach dem Öffnen des Kuverts möchte unser Leser wissen, welchen Nutzen er von unserem Angebot hat. Vermitteln Sie daher bereits in der Schlagzeile etwas, wovon der Leser profitiert. Geben Sie ihm das Gefühl, hier und jetzt etwas zu hervorragenden Konditionen erstehen zu können. Bieten Sie dem Leser einen plausiblen Mehrwert an: Nachlässe, Garantien, Sonderkonditionen, Bonus usw. Egal, wie Sie es nennen, Ihr Leser muss das Gefühl bekommen, dass er eine besondere Chance verpasst, wenn er nicht auf Ihr Angebot eingeht.

ACHTUNG

MACHEN SIE EIN UNWIDERSTEHLICHES ANGEBOT

- Nur wer etwas bietet, hat etwas zu erwarten.
- Wer mehr bietet, kann mehr erwarten.
- Wer genau das bietet, was der Kunde will, erhält den Auftrag.

Ein anderer Aspekt, den es zu bedenken gilt, ist der: Wir sind es gewohnt, uns die Dinge selbst zu besorgen, die wir brauchen oder wollen. Üblicherweise entsteht also erst der Bedarf, der dann zur Aktion führt. Beim Mailing ist das umgekehrt: Hier wird auf Verdacht eines möglichen Bedarfs ein Angebot formuliert, das einen entsprechenden Mehrwert verspricht, um den Empfänger zum Abschluss zu bringen. Versetzen Sie sich in den Empfänger: Hier ist also das Angebot, Sie können es annehmen oder verwerfen. Im Zweifelsfall neigen auch Sie dazu, das Angebot abzulehnen und zwar aus folgenden Gründen:

- Selbstbestimmung: Sie möchten selbst bestimmen, wann Sie sich mit dem entsprechenden Thema befassen.
- Prioritäten: Sie haben gerade Wichtigeres zu tun.
- Einmischung: Sie lehnen es grundsätzlich ab, ungefragt Angebote unterbreitet zu bekommen.
- Vorsicht: Sie befürchten, einen Fehler zu machen.
- Gewohnheit: Für das Produkt haben Sie bereits feste Bezugsquellen.
- Fehlender Bedarf: Das Produkt ist unattraktiv bzw. wird nicht benötigt.

Wenn wir den Empfänger dazu bewegen wollen, dass er sich ernsthaft mit unserem Angebot auseinandersetzt, dann muss er einen klaren Mehrwert erkennen können. Dies kann ein Abonnentenrabatt sein, eine Gratiszugabe oder eine Gewinnchance, aber auch ein Imagegewinn oder ein Zugehörigkeitsgefühl. Neueste Untersuchungen von Scheier u. a. bestätigen, dass unser „Autopilot" alles daraufhin prüft, welche Belohnung (Vorteil, Befriedigung) davon zu erwarten ist. Ohne Belohnung kein Kauf. Erst wenn der Empfänger etwas gezeigt bekommt, das er haben will, wird er reagieren. Und das sollte natürlich etwas sein, das nicht an jeder Straßenecke zu haben ist.

CD-ROM

MUSTER: MEHRWERTANGEBOT MUSTER

Mehr als Mode

Liebe Doris Dunnerkirchen,

am 22.2. findet wieder unsere alljährliche Präsentation der Frühjahrsmode statt. Dazu konnte ich Lydia Latemakiato gewinnen, an diesem Tag kostenfreie Farb-Typ-Beratungen anzubieten. Doch damit nicht genug: Bei einer Order aus der neuen Kollektion bekommen Sie alle erforderlichen Änderungen in der Länge oder Weite inklusive. Damit es gleich so passt, wie Sie sich das wünschen!

Beiliegend erhalten Sie Ihre persönliche Einladung und den Gutschein für Änderungen.

Ich freue mich darauf, Sie am 22. mit einem Glas Sekt zu begrüßen!

Ihre Tanja Rose
Modehaus Rose

MUSTER

MUSTER: BEFRISTETES ANGEBOT

CD-ROM

SONDERAKTION!AKTIONSPREIS!SONDERAKTION!

Sehr geehrte Frau Rot,

wir freuen uns, Ihnen den absoluten Präsentationsknüller nun zum sagenhaften Aktionspreis von nur 789,00 Euro anbieten zu können. Und das sind die Vorteile unseres faltbaren Präsentationssystems:

- Es passt in jeden Kofferraum,
- ist leicht und gleichzeitig sehr stabil,
- das Display lässt sich individuell gestalten,
- das Bild ist völlig faltenfrei, ohne Nahtstellen und ohne Spalten,
- hervorragende Kombination mit anderen Präsentationssystemen,
- höchste optische Qualität durch eloxierte Oberfläche,
- extreme Langlebigkeit durch hohe Verarbeitungsqualität,
- variable Größe durch Modul-System,
- äußerst niedriger Preis,
- große Publikumswirkung,
- beste Reputation für Ihr Produkt.

Jedoch: das Angebot gilt in dieser Form nur noch bis zum 31. August 2022. Deshalb am besten gleich den Antwortbogen ausgefüllt an uns zurückschicken oder faxen!

Mit freundlichen Grüßen

Hans-Joachim Fernau
Display GmbH

Mein Tipp: Antworten Sie noch im Juli, so erhalten Sie gratis einen eleganten Pocket-Terminplaner.

WEITERE BEISPIELE FÜR MEHRWERTARGUMENTATIONEN BEISPIEL

- Wer bis zum Ende des Monats bestellt, erhält einen Rabatt von 10 %.
- Befristetes Probierangebot bis 11.11.: 12 Flaschen zum Preis von 10!
- Die ersten 111 Einsender erhalten ein formschönes Glas-Set gratis!

Abschließend können Sie – angesichts der überwältigenden Argumente für Ihr Angebot und des unleugbaren Mehrwertes – durchaus auch unterstellen, dass der Kunde bestellen wird. Entsprechend fragen Sie nicht *ob*, sondern *wie* er bestellen möchte.

BESTELLALTERNATIVEN GEZIELT VORGEBEN BEISPIEL

- Wählen Sie hier zwischen dem Basis-Set und dem Profi-Set.
- Die Farbe Ihres neuen Reisebegleiters wählen Sie hier ...
- Damit Sie den Turbostar sicher noch vor Weihnachten erhalten, schicken Sie die Bestellung gleich per Fax an uns zurück.
- Wann möchten Sie das Abonnement beziehen? – Bitte kreuzen Sie hier an: Mo/Mi/Fr

Häufigste Form von Mehrwertargumenten zielen auf den geldwerten Vorteil – einer der stärksten Motivatoren für den Empfänger: Ersparnis, Rabatt, Inklusivleistung, Bonus, Gewinn, Preisvorteil, Zusatzchance, Extra, Gratifikation oder Geschenk – entscheidend ist, dass für den Interessenten bei der ganzen Sache etwas hängen bleibt.

Der Spareffekt, der sich durch die Nutzung oder den Erwerb des Produktes ergibt, taucht in den meisten Verkaufsargumentationen auf, denn am Preis entscheidet sich letztlich, ob ein Produkt nicht nur für gut befunden, sondern auch für „preis-wert" gehalten und gekauft wird. Bei sehr exklusiven Produkten wie hochpreisigen Luxusgütern tritt dieser Aspekt zurück, da es der wohlhabenden Klientel um den Besitz und weniger um den günstigen Erwerb geht. Hier gilt es vielmehr, die Exklusivität herauszustellen.

MUSTER

MUSTER: GELDWERTER VORTEIL FÜR SOFTWAREKÄUFER

CD-ROM

Jetzt haben Sie die Software.
Und wollen noch mehr? Wissen?
Also schön – wir machen eine

ZUGABE
100 EURO

Dies ist ein Gutschein. Der Wert ist nicht zu übersehen.
Diesen Betrag sparen Sie. Ganz klar.
Bei einer EDV-Schulung Ihrer Wahl.

Wir sind autorisierte Schulungspartner.
Nicht nur von Novell und Microsoft. Aber auch.
Das bedeutet: Professionelle Schulung. In freundlicher Atmosphäre.
Ohne Stress. Im Schulungsteam.
Haben Sie Fragen – rufen Sie an!

HEADLINES, DIE DEN FINANZIELLEN VORTEIL BETONEN BEISPIEL

- Sparen Sie sich reich!
- Jeder Euro ein Gewinn!
- Warum fürs Doppelte mehr als die Hälfte zahlen!?
- Mehr pro Cent!
- Günstiges preiswert.
- Ihr Geld könnte durchaus etwas härter arbeiten!
- Täglich 5 Euro sparen!

Vermeiden Sie jedoch den Eindruck von Billigkeit, also Dumpingpreise auf Kosten der Qualität. Das lässt die Kunden zögern und schließlich aus Angst vor Nachteilen durch Qualitätsmängel auf das Angebot verzichten. Heben Sie stattdessen auf das unschlagbare Preis-Leistungs-Verhältnis ab. Große Beträge rechnen Sie auf kleinere Einheiten herunter. Das ist anschaulich und wird eher akzeptiert als ein hoher Gesamtbetrag, der leicht „Investitionswiderstände" auslöst. 15 Euro pro Monat finden eher Zustimmung als 180 Euro Jahresbeitrag.

ANSCHAULICHE PREISE BEISPIEL

- pro Woche und Person nur 139 Euro
- kostet Sie nur 1 Cent pro Minute
- für 1,99 Euro monatlich erhalten Sie
- zum sagenhaften Kilopreis von 99 Cent
- macht 3 Cent pro Kilometer

Dabei ist es vorteilhaft, das Angebot nicht allein aufs Finanzielle zu fixieren: Überlegen Sie, an welche Emotionen Sie zugleich appellieren wollen. Ein finanzieller Vorteil in Verbindung mit einem emotionalen Gewinn – so wird die Versuchung doch erst richtig verlockend!

ACHTUNG

KAUFPROZESSE SIND EMOTIONSGESTEUERT

Argumente überzeugen rational – Kaufentscheidungen aber werden überwiegend emotional getroffen.

Auch wenn die meisten Menschen es nicht wahr haben wollen: Selbst im Businessbereich und bei Investitionsgüterentscheidungen spielt unser von Instinkten und Emotionen beeinflusstes Unterbewusstsein eine wesentliche Rolle. Diese Zusammenhänge werden von H.-G. Häusel in seinem Limbischen Modell anschaulich dargestellt. Darin werden die menschlichen Motive und Werte auf einer emotionalen „Landkarte" zwischen den Instruktionen Stimulanz, Dominanz und Balance angesiedelt. Unternehmen und Produkte, aber auch die Bedürfnisse der Kunden lassen sich dabei bestimmten Emotionsbereichen zuordnen. Wählen Sie daher die Hauptemotion aus, die Ihre Kundschaft mit dem Produkt verbindet oder verbinden soll. Prüfen Sie weitere Emotionen auf ihre Verbindung zum Produkt und bilden Sie einen ausgewogenen Emotions-Cocktail mit Fokussierung auf der stärksten Argumentation. So sprechen Sie Ihre Kunden auf mehreren Ebenen zugleich an.

Emotionale Ansprache: Wecken Sie Wünsche bei Ihren Kunden

Am Beispiel eines Sofas wollen wir kurz den aktuellen Kenntnisstand reflektieren: Es ist wenig erfolgversprechend, dem Kunden auf rein fachlicher Ebene ein Sofa anzupreisen. Natürlich sollen Sie Fakten wie Größe, Material, Farben und Preis nicht verschweigen, aber Ihr Kunde wird auf dieser Ebene keine Kaufentscheidung treffen. Er wird nach dem persönlichen Nutzen suchen, den Ihr Sofa ihm bietet. Das könnten die besonders haltbare Verarbeitung, die ausgefallene Optik, die leichte Reinigung durch einen abnehmbaren Bezug oder die vielseitige Verwendbarkeit sein. Doch Ihr Kunde hat immer noch die Möglichkeit zu sagen: „Na und, es gibt viele Funktionssofas mit waschbaren Bezügen."

Daher ist es wichtig, die wahren Wünsche des Kunden zu verstehen. Die entscheidenden Motive für den Kauf eines Sofas können sein: stilvolles Zuhause, Geborgenheit, Rückzug und Erholung vom Alltag, Anerkennung als guter Gastgeber, Besitzerstolz. Sprechen Sie die Motive an, die Ihr Produkt befriedigen kann. Die Kunst dabei ist, dem Kunden die Verquickung von Bedürfnis und Produkt nicht platt zu vermitteln, sondern atmosphärisch (implizit) zu verpacken.

BOHRMASCHINEN BOHREN AUCH AUF DER MOTIVEBENE BEISPIEL

Viele Anbieter beschränken sich bei technischen Artikeln auf Sachinformationen: Drehzahl, Leistungsaufnahme, Gewicht, Zubehör. Andere gehen einen Schritt weiter und beschreiben den Effekt, den das Produkt erzielt: mühelos Lampenhaken in Betondecken anbringen. Sicherlich die bessere Verkaufsargumentation. Aber nur wenige betrachten die Motivebene des Kunden: Er möchte Unabhängigkeit erlangen, Macht spüren und mit Konkurrenten im Vergleich bestehen. Die Bohrmaschine ist seine persönliche „Waffe". Sonst könnte er sich für die zwei Mal im Jahr auch die Maschine seines Nachbarn ausleihen! Ihre Headline könnte entsprechend den Besitzerstolz thematisieren: Zehn Lampen in einer halben Stunde – nicht schlecht, Herr Specht!

Welche emotionale Motivebene passt zu Ihrem beworbenen Produkt, welche Wünsche oder Ängste hat Ihr (potenzieller) Kunde? Was ist glaubhaft? Wenn Sie Staubsauger verkaufen wollen, wird es wenig Sinn ergeben, die Anzahl der Aufsatzdüsen und die Farbe zu preisen. Auch der Nutzen, nämlich Schmutz zu beseitigen, ist eigentlich selbstverständlich. Vermitteln Sie dagegen den Mehrwert etwa eines siebenfachen Staubfilters (Motivebene: Gesundheit) und wie mühelos der neue Staubsauger Ihnen dabei hilft, ein schönes und gepflegtes Zuhause zu schaffen (Motivebene: Geborgenheit, Anerkennung), werden Sie sicherlich mehr Erfolg haben.

Die zentrale Frage lautet: Welche Gefühle lassen sich mit Ihrem Produkt und Ihrer Zielgruppe schlüssig verbinden? Es gilt, die Emotion herauszufinden, die Ihre Zielgruppe am stärksten motiviert. Die Charaktere, die Motivation wie auch die Produkte und ihre Einsatzzwecke unterscheiden sich von Fall zu Fall. Nachfolgend finden Sie die vier Gruppen von Emotionen, mit denen Sie Ihre Kunden erfolgreich ansprechen können:

- I. Anteilnahme – Gemeinschaft (Balance)
  Mitleid, Sympathie, Gewissen, Verantwortung, Hilfsbereitschaft, Zuwendung, Gerechtigkeit, Solidarität, Freundschaft, Geselligkeit
- II. Sicherheit – Schutz (Balance)
  Angst, Geborgenheit, Sorge, Risiko, Bedenken, Gesundheit, Kontrolle, Ausgewogenheit, Vorsorge
- III. Geltung – Haben (Dominanz)
  Besitzstreben, Neid, Stolz, Prestige, Eitelkeit, Überlegenheit, Macht, Profit, Ehrgeiz, Leistung, Status, Bequemlichkeit, Komfort, Luxus
- IV. Erfüllung – Sein (Stimulanz)
  Neugier, Begeisterung, Sehnsucht, Ungeduld, Freiheit, Abenteuer, Kreativität, Abwechslung, Phantasie, Genuss, Humor, Erkenntnis, Wachstum

BEISPIEL

POSITIONIEREN VON PRODUKTEN

Überlegen Sie, wie beispielsweise das Verbrauchsgut Hautcreme emotional vermittelt werden kann. Entsprechend den vier emotionalen Gruppen ergeben sich vier Marketingstrategien:

- Garantiert umweltfreundlich hergestellte und verpackte Lotion auf pflanzlicher Basis (Verantwortung)
- Mildes, pflegendes Naturprodukt zum Schutz des Säuglings (Fürsorge)
- Exklusives, teures Markenprodukt in edler Verpackung (Prestige)
- Neuartige Pflegeformel mit belebenden Substanzen (Genuss)

Widerstehen Sie der Versuchung, alle emotionalen Faktoren zugleich abdecken zu wollen. Die Sportler-Bodylotion, die auch für den Säugling taugt, wird keinen Erfolg haben. Das Produkt verliert an Profil und „kann“ in den Augen der Abnehmer weder das eine noch das andere richtig. Fokussieren Sie daher klar auf eine Aussage und eine Strategie. Entweder hochexklusiv oder sparsam, gesund oder verführerisch. Durch entsprechende Reizwörter werden Assoziationen geweckt, die den Empfänger emotional bewegen. Je nach emotionaler Gruppe werden unterschiedliche Gefühle angesprochen beziehungsweise verstärkt. Nachfolgend betrachten wir die einzelnen Gruppen anhand von praxisbezogenen Beispielen.

Bei der ersten Gruppe fokussiert die Motivation um das Thema Anteilnahme und Hilfestellung. Eine ideale Motivation für Spendenaufrufe und Mitgliederwerbung.

HEADLINES, DIE ANTEILNAHME WECKEN BEISPIEL

- Wir als Deutsche haben eine besondere Verantwortung ...
- Tiere brauchen Ihre Hilfe ...
- Helfen Sie jetzt, es ist kurz vor Zwölf!
- Ein gutes Gefühl, helfen zu können ...
- Ihre Blutspende rettet Leben!

Diese Headlines finden Sie auch auf Ihrer CD-ROM.

Aber übertreiben Sie nicht mit dem Elend. Niemand möchte sich allen Kummer dieser Welt aufladen. Der Selbsterhaltungstrieb schützt uns Menschen glücklicherweise davor, in Kummer und Leid zu versinken. Zeigen sie daher auch positive Ergebnisse. Überzeugen Sie Ihre Leser vom Sinn einer weiteren Unterstützung Ihrer Bemühungen. Säen Sie Zuversicht und Hoffnung, sprechen Sie Ihren aufrichtigen Dank aus und kündigen Sie die automatische Zusendung der steuerabzugsfähigen Spendenbescheinigung an. Die Beilage eines kleinen, informativen Flyers kann den kurzen Mailing-Text ergänzen. So kann jeder gemäß seinem Interesse das Thema individuell vertiefen.

Die zweite Gruppe könnte man auch unter dem Stichwort „das Geschäft mit der Angst“ zusammenfassen. Gleich ob Rentenversicherung, Alarmsysteme oder dritte Zähne – hier geht es um Sicherheit.

BEISPIEL **HEADLINES ZUM ASPEKT SICHERHEIT**

- Wer garantiert Ihnen, dass Sie nicht der Nächste sein werden?
- Endlich sicher vor Einbruchdiebstahl!
- Sie wissen noch nicht, was Sie später einmal ...?

Weitere Beispiele finden Sie auf Ihrer CD-ROM.

Gehen Sie aber sensibel mit den Ängsten Ihrer Zielgruppe um. Malen Sie nicht zu schwarz und bieten Sie befriedigende Lösungen für die angesprochenen Sorgen und Gefahren. Beziehen Sie auch die Bedenken der Zielgruppe hinsichtlich der Phase nach dem Kauf mit in Ihre Überlegungen ein. Wo ist ein Kundendienst? Welche Garantien erhalte ich auf das Produkt? Überzeugen Sie durch Garantieversprechen.

BEISPIEL **BEISPIELE FÜR GARANTIE-ZUSAGEN**

- 24-Stunden-Service-Hotline gebührenfrei!
- Ein enges Fachhändlernetz betreut Sie in allen Servicefragen.
- 3 Jahre Rundum-Garantie.
- Mit Geld-zurück-Garantie!
- Zwei Wochen völlig unverbindlich zur Probe.
- Vier Wochen Möbel-zurück-Garantie. Ohne Kosten für Sie.
- Mit Erfolgsgarantie!
- Gleich wie Sie sich entscheiden: das Präsent dürfen Sie behalten!

Die dritte Gruppe gründet auf der Erkenntnis, dass der Mensch immer das haben möchte, was er gerade nicht besitzt, weil er sich davon irgendeinen Vorteil verspricht. Das betrifft Produkte ebenso wie gesellschaftliche Position und persönliche Eigenschaften. Ein idealer Ansatz für prestigeträchtige Konsumgüter, Kosmetika, Medikamente, Freizeittrends, ...

HEADLINES, DIE DAS GELTUNGSBEDÜRFNIS ANSPRECHEN BEISPIEL

- Das ultimative Business-Set ...
- Sie haben Besseres verdient!
- Jünger aussehen, jünger fühlen.
- Ihre Freunde werden staunen!

Weiter Headline-Vorschläge finden Sie auf Ihrer CD-ROM.

Viele Menschen wollen gerne ein neueres, schöneres Auto haben, auch wenn das alte noch mindestens zehn Jahre fahren wird. Die Übergänge zwischen wirtschaftlicher Notwendigkeit und übertriebenem Anspruch sind dabei fließend.

Die Gründe sind weniger im Rationalen zu suchen als vielmehr im Emotionalen. Das Rationale dient lediglich der Rechtfertigung eines mehr oder weniger unvernünftigen Handelns. Wer etwas anderes behauptet, soll einmal versuchen, ein Auto zu kaufen, das ihm *nicht* gefällt.

Bei solchen Kaufentscheidungen ficht der Kunde oft harte innere Kämpfe aus zwischen kühler Ratio und heißem Verlangen. Befriedigen Sie also den Narzissmus Ihrer Zielgruppe und liefern Sie zugleich eine plausible Begründung für den Kauf mit, nach dem Motto: „Die Erfüllung Ihres Traums nützt auch der Umwelt!“ oder: „300 PS für Sie und 20 Airbags für die Familie – Ihre Kinder sollten Ihnen das wert sein.“ Ein gutes Gewissen ist also nicht nur bei Spendenthemen ein wichtiges Argument. Gerade Artikel, die unser Geltungsbedürfnis ansprechen, wollen gut gerechtfertigt werden. Oftmals gibt die das Gewissen beruhigende Argumentation erst den kaufentscheidenden Ausschlag beim inneren Für und Wider: „Winterschnäppchen und Sonderausstattung inklusive!“ contra „Eigentlich ist zurzeit gar kein Geld übrig!“

BEISPIEL

BEISPIELE FÜR GEWISSENSRELEVANTE AUSSAGEN

- Aus umweltfreundlichen Beständen!
- Der sicherste XY, den es je zu kaufen gab.
- Ohne Tierversuche!
- Rein pflanzliche Basis!
- Vom Veterinär kontrollierte Auslaufhaltung.
- Ökologisch getestet.
- Ausgezeichnet mit dem blauen Umweltengel.
- Aus Liebe zur Natur.

Sie können dem Leser auch schmeicheln, indem Sie ihn einer exklusiven Bevölkerungsgruppe mit hohem Ansehen zuordnen („Sie als erfahrener Kapitalanleger ...“, „Als Fachmann in Sachen Computertechnik ...“), der er nicht in vollem Maße zuzurechnen ist. Aber übertreiben Sie nicht, niemand möchte als Kunstkenner tituliert werden, wenn er gar kein Interesse an Kunst hat. Einem Privatanleger etwas mehr Börsenerfahrung zu unterstellen oder einem „User“ technisches Computer-Know-how einzuräumen, kommt dagegen aus nachvollziehbaren Gründen meist gut an.

Eine weitere Ansprache, die auf das Ego abzielt, ist die der Erleichterung: „Schließlich haben Sie es sich verdient, endlich von ... entlastet zu werden!“

BEISPIEL

VERSPRECHEN, DIE DAS LEBEN ERLEICHTERN

- Nie wieder morgens Eis kratzen!
- Die Lösung für Einschlafprobleme!
- Ganz einfach Zeit und Geld gespart!
- Der unentbehrliche Helfer für Haus und Garten!

Wer möchte nicht von lästigen Alltagsaufgaben befreit werden! Zeigen Sie, wie schön (bequem) das Leben mit Ihren Produkten sein wird, aber bleiben Sie bei der Realität. Auch ein noch so leistungsstarker Staubsauger saugt nicht von alleine.

Die vierte Gruppe wird mit der Suche nach Neuem, Unbekanntem, Besserem, Unterhaltendem angesprochen. Typische Branchen hierfür sind Medien, Touristik, Lifestyle-Produkte und Karrierethemen.

LOCKENDE HEADLINES BEISPIEL

- Auf zu neuen Ufern ...
- Sie werden überrascht sein, ...
- Neues entdecken mit ...
- Spaß pur!
- Wo gibt es die schönsten ...?
- Die zehn goldenen Regeln des Erfolgs!
- Sie gehen Ihren eigenen Weg ...
- Gewinnen Sie mit ...
- Wie Sie Ihr Ziel in weniger als ... erreichen.
- Mit System zum persönlichen Erfolg!
- Die Erfolgstipps der Profis.

Diese Beispiele finden Sie auch auf Ihrer CD-ROM.

Erfolg hat gesellschaftlich einen hohen Stellenwert. Besonders die Verbindung von Erfolg, Wohlstand und Sorglosigkeit stößt bei den meisten Menschen auf reges Interesse, denn wer kann schon von sich behaupten, in allen drei Belangen wunschlos glücklich zu sein!? Der logische Zusammenhang von Erfolg, Wohlstand und Sorglosigkeit indes ist so etwas wie gesellschaftlicher Glaubenskonsens.

Achten Sie besonders auf mögliche Unterschiede in der Zielsetzung innerhalb ihrer Zielgruppe. Während der eine beruflichen Erfolg anstrebt, definiert sich ein anderer vielleicht durch sportliche Höchstleistungen oder persönliches Wachstum. Untergliedern Sie Ihre Zielgruppe gegebenenfalls in Gruppen mit ähnlichen Zielen. Oder Sie halten Ihre Ansprache allgemeiner, sodass sich möglichst viele Leser angesprochen fühlen. Je gezielter und direkter die Ansprache, desto größer die Resonanz.

Vorsicht bei Kombinationen

Die vier emotionalen Gruppen sind dabei nicht isoliert für sich zu sehen, Kombinationen untereinander sind üblich und je nach Produkt und Zielgruppe auch sinnvoll.

Ein gutes Beispiel für ein Produkt, welches mehrere Emotionen zugleich bedient, ist das Auto: Selbstwertsteigerung durch das Übertragen von Image und Produkteigenschaften auf die eigene Person, Überlegenheitsgefühle gegenüber anderen, Sympathie für das neue Design, Begeisterung für die innovative Technik, Stolz, sich dieses leisten zu können, Befriedigung, dies sofort haben zu können, Bequemlichkeit, dass der Kundendienst alles für einen abwickelt, Sicherheit durch das neue Schließsystem, ABS, ASR und EPS.

Kommt dann noch eine lange Haltbarkeit und gute Wertstabilität hinzu, ist dies ein zugkräftiges Paket von emotionaler Ansprache und rechnerischem Nutzen. Wenn das Angebot außerdem einen günstigen Kaufpreis bietet, sofort erhältlich und unkompliziert zu finanzieren ist ... Dennoch: fokussieren Sie auch hier möglichst auf nur eine Kernkompetenz.

Überlegen Sie auch, wie persönlich Sie Ihre Kunden ansprechen wollen. Also: „Einladung zum Probefahren!“ oder: „Persönliche Einladung zum Test des neuen GTV!“ oder: „Meine Einladung an Sie!“

Bei aller Emotion: Bleiben Sie glaubhaft! Versprechen Sie nur, was Sie auch halten können. Ziehen Sie nichts an den Haaren herbei; bemühte Vergleiche und konstruierte Bezüge wirken hilflos. Vermeiden Sie insbesondere Täuschungsmanöver in der Art von „**Fernseher für 10 Euro** ... haben wir zwar nicht, aber ...“ – Ihre Kunden wollen nicht gefoppt, sondern ernst genommen werden.

Interessant ist es, sich zu überlegen, mit welchen Emotionen unsere alltäglichen Routinen verknüpft sind. Was bedeutet Rasieren für den Mann implizit, was die Kaffeepause? Womit verbinden wir Zähneputzen oder Radfahren? Ritus, Kommunikation, Werterhalt, Freiheit? Wofür sind Sie bereit mehr Geld auszugeben: für ein Fahrrad oder für Freiheit auf zwei Rädern?

Im folgenden Kapitel erfahren Sie mehr darüber, wie ein starkes, emotionales Konzept im Detail umgesetzt wird, denn so stark der Bezug zu Ihrer Zielgruppe auch sein mag: Es gilt, viele Gefahren bei der Umsetzung zu vermeiden. Emotionen sind eben eine sensible Angelegenheit.

Was leisten die einzelnen Elemente?

Hier bekommen Sie wertvolle Hinweise zu Struktur, Stil, Rhythmus und Lesefreundlichkeit Ihres Anschreibens – insbesondere, wie Sie mit weniger Worten eine stärkere Aussagekraft erzielen. Alle Elemente des Briefes werden der Reihe nach analysiert und Sie erhalten

- zahlreiche Beispiele für griffige Headlines,
- interessante Variationen für die Anrede,
- Beispiele für einen starken Einstieg in den Fließtext,
- wertvolle Tipps, wie Sie Ihre Inhalte anschaulich und schlüssig vermitteln, und
- Hinweise für Grußformeln, Unterschrift und Postskriptum.

Die Ziele, die Ihr Werbebrief verfolgt, sind Verständlichkeit und Überzeugungskraft. Der Verständlichkeit dient ein knapper, gut strukturierter Aufbau – gedanklich wie auch optisch, weiterhin eine schlichte, prägnante Sprache, die jedoch zugleich anschaulich und inspirierend sein soll. Zum Thema Überzeugung wurde bereits das Wichtigste vermittelt. Alle Elemente Ihres Werbebriefes können und sollen durch Kohärenz die Glaubwürdigkeit stärken und ihren Teil zur Überzeugungsarbeit beisteuern.

Formulieren Sie so präzise wie möglich

Bevor wir auf die einzelnen Bestandteile des Werbebriefes eingehen, kommen wir gleich zur obersten Regel:

ACHTUNG

ALLES MUSS KURZ GEFASST SEIN!

Wörter, Sätze, Absätze, Anschreiben, Antwortkarte – fassen Sie sich kurz!

Auch hierfür gibt es eine englische Merkformel: KISS – keep it short and simple. (Halte es kurz und einfach.) Angefangen beim einzelnen Wort: Vermeiden Sie „Mehrfachwortzusammensetzungen“, also Zusammensetzungen von mehr als zwei Hauptwörtern in der Art von „Druckluftschlauchanschlussschellen“ oder „Frühjahrsmodepräsentation“. Sagen Sie lieber „Präsentation der Frühjahrsmode“. Das klingt gefälliger und ist außerdem leichter verständlich.

Schreiben Sie schlicht, klar, aktiv, positiv und anschaulich: Verwenden Sie einfache, leicht verständliche Wörter mit klarer Bedeutung. Verwenden Sie die Verben in ihrer (kurzen) aktiven Form, positive Adjektive und anschauliche Bilder.

Ein weiteres Übel in Briefen sind Bandwurmsätze. Manchen Menschen fällt es schwer, sich für einen Gedanken pro Satz zu entscheiden. So packen sie immer mehr Gedanken in immer längere Satzkonstrukte, bei denen der Sinn meist verloren geht. Beim Leser entsteht der Eindruck von

Rastlosigkeit, Kompliziertheit und Verwirrung. Zum anderen entsteht bei endlosen Sätzen der Eindruck, vom Verfasser festgehalten zu werden, bis man den nächsten rettenden Punkt erreicht. So wie einen manche Zeitgenossen „vollquasseln", penetrieren lange Sätze den Leser, um ihn nicht „entkommen" zu lassen. Das ist unhöflich und stößt auf wenig Gegenliebe. Bilden Sie also kurze Sätze mit konkreten Aussagen und stellen Sie die Hauptaussage an den Satzanfang.

Geben Sie Ihrem Mailing Rhythmus: Durch lautes Lesen spüren Sie, wo es stockt. Lassen Sie auf einen längeren Satz einen kürzeren folgen. Beschränken Sie sich möglichst auf einen Nebensatz je Hauptsatz. Machen Sie nach jeder Aussage erst einmal einen Punkt! Die Sätze sollten in der Regel etwa sechs bis 13 Wörter lang sein.

Sinnzusammenhänge werden gewöhnlich in Absätzen gebündelt. Beginnen Sie zu jedem neuen Aspekt, Argument oder Gedankenschritt einen neuen Absatz. Dadurch gönnen Sie dem Leser ein kurzes Verschnaufen zwischen den Gedanken. Achten Sie außerdem darauf, dass Ihre Absätze nicht zu lang werden. Zu lange Absätze hemmen den Lesefluss, während kurze leicht zu konsumierende Leseportionen bilden.

Zudem fällt der Zeilensprung zur nächsten, weiterführenden Zeile bei kürzeren Absätzen leichter. Die Anzahl der Zeilen pro Absatz hängt von Schriftgröße und Zeilenabstand ab. In der Praxis von Werbebriefen hat sich eine Absatzlänge von drei bis sieben Zeilen bewährt. Gönnen Sie Ihren Lesern zudem eine Leerzeile zwischen den Absätzen. – Soviel Platz sollte sein!

Nun haben Sie Ihren Text verfasst, haben auf prägnante Wörter geachtet, Sätze abwechslungsreich mit unterschiedlicher Länge verfasst und Ihr Anschreiben in überschaubare Absätze gegliedert, mit einer Leerzeile zum folgenden Absatz. Alles bestens, nur bekommen Sie den Text nun nicht mehr auf eine Seite?

BRINGEN SIE IHRE BOTSCHAFT AUF EINER SEITE RÜBER ! ACHTUNG

Bedenken Sie: Werbebriefe kommen meist unaufgefordert; daher nimmt sich der Empfänger erfahrungsgemäß nur sehr wenig Zeit. Erwarten Sie nicht mehr als zehn bis zwanzig Sekunden Aufmerksamkeit. Er wird das Schreiben überfliegen und an hervorstechenden Textmarken und Bildern hängen bleiben. Wenn ihm dann der Inhalt interessant erscheint, haben Sie den zweiten Etappensieg davongetragen. (Sie erinnern sich: der erste Sieg war das Öffnen des Umschlags.)

Je kürzer der Text, desto größer die Bereitschaft und desto niedriger die Hemmschwelle, den Text ganz zu lesen. Ja, es gibt positive Erfahrungen mit zwei-, vier- und sechsseitigen Mailings, aber wenn Sie möglichst viele Adressaten mit knappem Zeitkontingent erreichen wollen, dann fassen Sie sich kurz. Im Allgemeinen reduzieren mehrere Seiten Ihre Chance, dass die Botschaft den Adressaten inhaltlich erreicht.

Gleiches gilt für Beipackzettel. Wenn dem Empfänger schon beim Öffnen des Kuverts eine ganze Lawine von Zettelchen unterschiedlicher Formate entgegenrieselt, so ist es sehr unwahrscheinlich, dass er sich die Mühe macht, das Loseblattwerk zu sortieren und zu lesen. Bereits ab zwei Blättern hat der Empfänger den Eindruck von „Viel".

Wenn Sie Ihre Botschaft nicht auf eine Seite bringen, dann nutzen Sie lieber noch die Rückseite. Der Vorteil: Bis der Empfänger am Ende der ersten Seite den Hinweis zum Umblättern erhält, weiß er schon, ob ihn das Thema interessiert. Wenn ja, wird er auch nachschauen, ob auf der Rückseite weitere für ihn interessante Informationen stehen.

ACHTUNG

ÜBERLEITEN AUF DIE RÜCKSEITE

Um den Leser zum Weiterlesen auf der Rückseite zu bewegen, beenden Sie den letzten Satz der Vorderseite – möglichst an einer spannenden Stelle – erst auf der Rückseite. So ziehen Sie Ihren Leser zusammen mit dem Satz auf Seite zwei.

Hält der Empfänger nach dem Öffnen des Kuverts bereits zwei Blätter in der Hand, so schätzt er intuitiv den Zeitbedarf zum Lesen von zwei bis vier Seiten (Die Rückseiten könnten hier ebenfalls bedruckt sein!) eher hoch ein. Entsprechend neigt er dazu, mangels Muße oder aus Bequemlichkeit eher auf den Inhalt zu verzichten.

Ein weiteres Problem bei mehreren Blättern kann die Reihenfolge sein. Geht diese einmal verloren, sinkt die Bereitschaft, sich weiter mit den Inhalten zu beschäftigen, rapide. Wenn Sie vermeiden wollen, dass die Lesedauer von den Adressaten als zu lang eingeschätzt wird, dann reduzieren Sie Ihre Mitteilungen auf eine Seite, maximal auf ein Blatt. Ausnahmen hiervon sind hochpreisige Güter, bei denen der Interessent ausführliche Informationen und Bebilderung erwartet.

Die Beschränkung auf eine Seite hat einen weiteren Vorteil: Sie haben nicht den Platz, lange um den heißen Brei herum zu schreiben. Der knappe Raum erfordert, dass Sie direkt zum Thema kommen. Auch die Argumente zur Qualität Ihres Angebots müssen Sie auf den Punkt bringen, sonst haben Sie am Ende keinen Platz mehr für Grußwort und PS.

Und bitte kommen Sie nicht auf die Idee, Ihre (noch immer zu lange) Botschaft durch eine Mikroschrift auf eine Seite zu quetschen. Ein komfortables Lesegefühl stellt sich ab einer Größe von etwa 11 pt ein – je nach Zeilenlänge, Zeilenabstand und Schriftart. Das absolute Minimum liegt bei 9,5 pt, darunter sollten Sie nicht gehen.

ZUM KÜRZEN IHRES TEXTENTWURFS SUCHEN SIE: ACHTUNG

- Wiederholungen
- überflüssige Adjektive und Füllwörter
- umständliche Formulierungen
- für das Verständnis entbehrliche Aussagen
- lange Sätze
- Substantivierungen von Verben
- indirekte Fragen

Streichen oder wandeln Sie diese in einen kurzen, aktiven, direkten Stil um. Wenn Sie dennoch Probleme damit haben, Ihre Inhalte auf eine DIN-A4-Seite zu bringen, dann machen Sie folgende Übung:

Reduzieren Sie Ihre Aussagen auf den Kern, bis Sie nur noch stichwortartige Sätze im Telegrammstil haben. Dann erst füttern Sie Ihren Text wieder auf mit den für die menschliche Kommunikation notwendigen emotionalen Elementen, wie Ansprache, Adjektive, Adverben etc. Ausschließlich kurze Sätze ergeben jedoch keinen Lesefluss. Versuchen Sie deshalb, kürzere und längere Sätze harmonisch abzuwechseln. Durch lautes Lesen prüfen Sie, ob der Text nun „flüssig" klingt.

Für das Response-Element geben Sie klare, eindeutige Handlungsvorschläge. Vermitteln Sie das Notwendige in wenigen Worten. Lassen Sie keine Fragen offen und verwirren Sie nicht durch zu viele Antwortmöglichkeiten. Beschränken Sie sich möglichst auf drei Alternativen.

ACHTUNG **ZUSATZINFORMATIONEN IN EINEM FLYER**

Sie können interessierten Empfängern auch durch einen beigelegten Flyer die Möglichkeit bieten, sich eingehender mit der Thematik zu befassen. Da Sie die dort enthaltenen Informationen nicht im Schreiben doppeln müssen, werden Sie leichter zu einem kurzen Werbebrief kommen.

Das Wichtigste zuerst – die Headline

Die Schlagzeile, auch Headline genannt, ist der zentrale Punkt Ihres Mailings – der Punkt der ersten, größten und hoffentlich nicht letzten Aufmerksamkeit. Hier erwartet der Empfänger Ihre knapp gefasste Botschaft; hier will er erfahren, was ihn in dem Schreiben erwartet. Schreiben Sie aber nicht förmlich und altmodisch „Betreff: ...", Sie wollen Ihre Kunden schließlich überzeugen und nicht verwalten.

HEADLINE SOLL INTERESSE WECKEN ACHTUNG

Die Headline enthält die Schlüsselbegriffe. Sie muss Neugier wecken und Spannung erzeugen. Provozieren Sie zum Weiterlesen, ziehen Sie den Leser mit einem spannenden Aufhänger in den Fließtext. Locken Sie ihn, aber verraten Sie nicht alles schon in der Headline!

HEADLINE ENTWERFEN BEISPIEL

Sie wollen das große Programm an Elektro-Haushaltsgeräten und die konkurrenzfähigen Preise eines Einzelhändlers vermitteln. Was schreiben Sie in der Schlagzeile?

1. Riesenangebot an Elektrogeräten zum kleinen Preis
2. Preisgünstige Elektrogeräte
3. Hammerpreise
4. Preisliches Frühjahrserwachen
5. Kühlschränke jetzt megagünstig

1 Sagt alles und ist korrekt, aber etwas schlicht.
2 Man möchte ergänzen: wie überall.
3 Knapp, aber leider fehlt der Bezug zum Produkt.
4 Sehr bildhaft, jedoch: Werden die Preise nach dem Erwachen etwa ausschlagen? Und um welche Produkte geht es eigentlich?
5 „Super, mega, giga" – außerdem zu sehr auf ein Produkt fokussiert.

Probieren Sie ruhig einmal Neues aus. Experimentieren Sie mit Begriffen und Bezügen. Nicht alles muss genial sein, vielmehr wird einiges sicherlich ziemlich platt klingen. Schreiben Sie trotzdem alles auf, sammeln Sie und prüfen Sie die Ergebnisse erst dann. Sie können später alles wieder verwerfen, wichtig ist aber, dass Sie die Ideen erst einmal zulassen. Hilfreich kann ein Brainstorming sein:

BEISPIEL

MÖGLICHE ERGEBNISSE EINES BRAINSTORMINGS

- Elektrische Preiszünder
- Der Elektro-Schocker
- Reihenweise Funkenpreise
- Heiße Geräte zum coolen Preis
- Prima heiß zum coolen Preis
- Reihenweise Tiefkühlpreise
- Reihenweise Stromsparpreise
- Heiße Geräte zu Tiefkühlpreisen
- Echt heiß, diese coolen Preise
- Elektrogeräte vom Elektroprofi
- Haushaltsgeräte zu Haushaltepreisen
- Hier funkt der Preis und stimmt die Leistung
- Nur klauen ist günstiger – aber dann ohne unseren Service.
- Gehen Sie nicht fremd – kaufen Sie Ihre Elektrogeräte bei uns!
- Wir haben die Antwort auf alles, was Sie elektrifiziert.
- Doppelt sparen heißt: Beim Einkauf und bei der Stromrechnung.
- Wer clever ist, spart doppelt: beim Kauf und beim Betrieb.
- Haben Sie schon mal versucht, Einbaugeräte nicht bei uns zu kaufen? Verziehen! Sie tun das bestimmt nicht wieder.

Provozieren Sie (Gehen Sie nicht fremd ...), malen Sie Bilder (Hier funkt der Preis ...) oder setzen Sie einen schlichten Reim (Reihenweise Tiefkühlpreise). Machen Sie den Empfänger neugierig auf den Inhalt.

Der Umfang der Schlagzeile reicht von einem Wort bis zu zwei Sätzen, sollte allerdings nie länger als zwei Zeilen sein. Versuchen Sie mit einer Zeile auszukommen.

BEISPIEL

NEGATIV-BEISPIEL: MEHRZEILIGE HEADLINE

- Sie suchen nach Best Practices, die Sie in eigene Projekte einsetzen?
- Sie wollen potenzielle Fehlerquellen bei Projektbeginn vermeiden?
- Sie wollen wissen, warum Interoperabilität und Integrationsaspekte eine wichtige Rolle spielen?

Eingeschlafen? Erschlagen? Beides? – Nach dem Motto: „Wenn das nicht interessant ist, dann vielleicht das oder das ..." werden manchmal wahre „Geschütze" abgefeuert. Sie sehen: die Wirkung lässt auf sich warten. Sagen Sie es mit einem Satz: „Wovon Ihre Projekte ab sofort profitieren!"

Ein weiteres Problem sind allgemeine Aussagen ohne direkten Bezug zum Leser. Dynamik und emotionale Beteiligung dagegen wecken das Interesse. Seien Sie nicht langweilig:

NEGATIV-BEISPIEL: ALLGEMEINE AUSSAGE BEISPIEL

„Die Renten sind nicht sicher!" – Das wissen Ihre Leser bereits. Was verändert sich konkret? Was resultiert daraus? Was bedeutet das für den Einzelnen? – Schreiben Sie besser: „Was werden Sie sich als Rentner noch leisten können?"

Und schon haben Sie Ihren Leser in den Text geführt. Hier sucht er nun Antworten auf seine Fragen, denn er ist emotional beteiligt. Idealerweise spricht die Headline dem Leser aus dem Herzen und vermittelt ein Gefühl der Verbundenheit („Endlich sagt das mal einer!").

Die Headline kann auch mit einer mutigen Aussage oder einer verblüffenden Neuigkeit provozieren, um die Neugier des Lesers zu fesseln. Am besten verbunden mit einem Vorteil für den Leser, z. B.

- Krebs durch Pommes? – Die Wahrheit exklusiv für unsere Leser.
- Was wissen Sie über das neue Steuerrecht? – Die 12 wertvollsten Tricks

Dieses Statement darf sich im weiteren Verlauf nur nicht als Banalität, als leeres Versprechen oder als bemühter Vergleich entpuppen. Halten Sie unbedingt das anfangs gesetzte Niveau. Noch besser: Setzen Sie die Headline nicht allzu hoch an, um die Spannung im Verlauf des Mailings steigern zu können, denn das hält den Leser beim Thema.

Eine Headline wirkt aufgrund von Position und Größe sehr dominant, dies gilt besonders für die handschriftliche Version. Ein idealer Blickfang also für die Einstimmung des Lesers auf die Botschaft. Dabei passt zu einer emotionalen, umgangssprachlichen Äußerung sehr gut eine handschriftliche Headline. Sie schafft einen persönlicheren Bezug zum Leser als die vergleichsweise nüchterne Druckschrift. Man ist sozusagen gleich von Anfang an im Gespräch von Mensch zu Mensch.

BEISPIEL **HEADLINE IN SCHREIBSCHRIFT?**

- Holen wir uns 12 % Steuern zurück!
- Jetzt und hier: die Tricks der Profis.
- Steuerzahler aufgepasst: Neue Schlupflöcher!
- Mein Tipp für Sie: Millionär in 30 Monaten!

Eine weitere Variante sind große Schlagzeilen wie in Zeitungen. Sie sind mit Vorsicht zu handhaben und sehr genau auf die Zielgruppe abzustimmen. Eine Schlagzeile muss kurz sein, schon allein wegen der größeren Schrift! Ermöglichen Sie es dem Leser, Ihre Botschaft mit einem Blick zu erfassen. Er muss innerlich spontan „Genau!“ ausrufen, wenn er Ihre Schlagzeile liest. Wenn große Emotionen nicht zum Thema, zum Produkt oder zur Zielgruppenansprache passen, wählen Sie besser eine „schlichte“ Headline in normaler Schriftgröße.

BEISPIEL **SCHLAGZEILEN**

- „Rote Karte" für Steinbrück!
- Das geheime Wissen der Profis!
- Wir sagen NEIN!

Weitere Anforderungen an Headlines sind Griffigkeit, Frische, Klarheit. Wärmen Sie keine abgegriffenen Floskeln auf, arbeiten Sie mit kurzen Wörtern und meiden Sie Verspieltheit. Was mit diesen Hinweisen gemeint ist, zeigen die folgenden Negativbeispiele:

NEGATIV-BEISPIEL: BEMÜHTE ORIGINALITÄT

BEISPIEL

1. Ich geh meilenweit für guten Kaffee!
2. Rente? – Und tschüss!
3. Was haben der ... und der ... gemeinsam?
4. Warnung an alle Eigenheimbesitzer!
5. Neu – jetzt noch weißere Wäsche!
6. Fischers Fritz fischt frische Fischstäbchen!

1 Was soll's: Kaffee gibt's überall, guten auch. Und deshalb die Zigarettenwerbung kopieren? – Einfallslos!

2 Manche Radiohörer fühlen sich bemüßigt, die flotten Sprüche der Moderatoren weiter zu erzählen. Dabei profiliert man sich als gewitzt, geistreich und schlagfertig. Aber irgendwann nervt es dann, das hundertste „Und tschüss". Außerdem ist die Rente kein Thema, mit dem man flapsig umgehen sollte.

3 Gemeinsamkeiten zwischen offensichtlich unterschiedlichen Dingen zu finden kann ganz überraschend sein, hat aber den Nachteil, dass man sich als Wissender über den Leser stellt, um ihm dann die bessere Lösung zu präsentieren. Denken Sie an die Augenhöhe!

4 Warnung – wer warnt, droht etwas an! Kaufen Sie gerne bei Leuten, die Sie bedrohen?

5 Dass „neu" nicht gleichzeitig „gut" bedeuten muss, hat sich mittlerweile herumgesprochen. Und mit ihrem Waschmittel sind die meisten Menschen auch zufrieden. Zudem ist die Superhausfrau, die dem letzten Lebenskeim im Haushalt mit Chemie den Garaus macht, ziemlich out.

6 Fritz Fischer kommt also über einen altbackenen Zungenbrecher zu Fischstäbchen – und weiter? Wen soll das interessieren?

Geben Sie Ihrem Leser lieber eine anschauliche Vorstellung von Ihrem Angebot. Dabei helfen Sie ihm mit emotionalen, bildhaften Ausdrücken. Was meinen Sie, welche der folgenden Formulierungen hinterlässt bei Ihren Kunden einen stärkeren Eindruck:

BEISPIEL **ALLGEMEINE ODER BILDHAFTE HEADLINES?**

- Wir führen ein breites Sortiment an ...! oder: Finden Sie etwas, das Sie bei uns nicht finden!
- Der neue, noch bessere Offroader. oder: Der Herausforderer.
- Gesunder Schlaf dank Schafwollauflagen. oder: Träumen wie auf Schäfchenwolken.

Schnell vergänglich – das Datum

Sie entwerfen Ihr Mailing Ende November. Dann unterbrechen Sie wegen des Weihnachtsgeschäfts die Mailing-Aktion, zwischen den Jahren ist Inventur, dann noch ein kurzer Winterurlaub, bis die Schule wieder beginnt. Im Januar setzen Sie sich wieder hin und überarbeiten das Mailing. Ende Februar geben Sie es schließlich zum Drucker. Dieser braucht eine Woche, und Anfang März können Sie die fertig adressierten Mailings eintüten und zur Post bringen. Gespannt warten Sie auf die Resonanz. Da ruft ein guter Kunde an und fragt, ob Ihr Angebot denn überhaupt noch gilt. Das Datum lautet auf November.

Und Sie fragen sich zu Recht, wie viele Empfänger das Schreiben geöffnet auf dem Schreibtisch liegen haben, das Datum überfliegen und es sofort als liegen gebliebenes Schreiben vom letzten Jahr einstufen. Ärgerlich, nur wegen des Datums.

VORDATIEREN ACHTUNG

Datieren Sie Ihr Anschreiben möglichst exakt. Dadurch gewinnt es an Aktualität. „Im März 2001" vermittelt den Eindruck von Massenaussendung. Kalkulieren Sie auch den Zeitbedarf für Druck und Auslieferung mit ein, datieren Sie entsprechend vor. Besser Sie haben am Ende einen Werbebrief mit dem morgigen Datum und warten einen Tag mit dem Versand, als einen „zwei Wochen alten" Brief zu versenden.

Name und Anrede: So erreichen Sie den Empfänger

Nutzen Sie die persönliche Anrede, um den Leser besser zu erreichen! Wenn im Adressfeld ein Empfänger namentlich genannt ist, so gilt die Begrüßung natürlich auch ihm und nicht den anonymen „sehr geehrten Damen und Herren". Achten Sie auf eine durchgängige Schreibweise. Machen Sie aus einer Sybille Berger keine Sibylle Berger.

Beachten Sie außerdem die richtige Anrede bei Personen mit schwer zuzuordnenden Vornamen wie Kim, Hyun-mai oder Terry, damit der/ die Empfänger/in korrekt angesprochen wird. Bei Namen wie Werner Bertram oder Bernd Otto kann die richtige Reihenfolge durch den Abgleich mit Einwohner- oder Telefonverzeichnissen ermittelt werden.

NEGATIV-BEISPIEL: UNPASSENDE ANSPRACHE BEISPIEL

ABC AG
Frau Gundula Geierflug
Einkauf
Musterstr. 11
12345 Musterstadt

Sehr geehrte Damen und Herren,

Ihnen als Freund der Deutschen Post möchten wir heute eine ganz besondere philatelistische Dokumentation vorstellen.

Eine Frau mit „sehr geehrte Damen und Herren" zu begrüßen ist ungeschickt, ihr aber auch noch eine Freundschaft zur Deutschen Post zu unterstellen ist albern. Dabei wird sie auch noch mit der männlichen Form „Freund" angesprochen. Außerdem ist der Brief vermutlich überflüssig, denn wie viele Frauen, glauben Sie, gibt es, die sich für „eine ganz besondere philatelistische Dokumentation" begeistern lassen? Hier zeigt sich deutlich die Bedeutung der Zielgruppenauswahl und der Adressdatenpflege. Eine schlechte Adress-Selektierung liegt vor, wenn der Inhalt an der angesprochenen Person vorbei geht:

BEISPIEL **NEGATIV-BEISPIEL: UNPASSENDE ARGUMENTATION**

ABC AG
Herr Fabian Fröhlich
Vorstandsvorsitzender
Musterstr. 11
12345 Musterstadt

Sehr geehrter Herr Fröhlich,

Sie stehen vor der Herausforderung, Ihre Vorgesetzten durch überdurchschnittliche Leistung überzeugen zu wollen.

Welche Vorgesetzten hat denn ein Vorstandsvorsitzender einer Aktiengesellschaft?

Einem Außenstehenden mag es nicht so darauf ankommen, ob es richtig heißt „Spedition Schmidt" oder „Schmidt Speditionsgesellschaft mbH". Empfänger dagegen reagieren sofort darauf, wenn sie nicht korrekt angeschrieben wurden. Die richtige Wiedergabe des Namens und der Anschrift wird nicht belohnt, sondern vorausgesetzt. Ein Anschreiben verliert durch fehlerhafte Adressierung enorm an Stellenwert.

Niemand hat Lust, „Maier" zu lesen, wenn er „Meyer" heißt. Die Einstellung einiger Menschen, „Mayer" sei „Meier", bedeutet für das Unternehmen unmittelbaren Sympathieverlust beim Empfänger und wenig Bereitschaft, sich mit den Inhalten des Mailings zu befassen. Ganz klar gehört dazu auch, Malte Humperdinck in der Begrüßungszeile nicht mit „Frau Humperdinck“ anzusprechen.

Prüfen Sie Ihre Adressdatenbank auf Aktualität. Gibt es den Leiter Marketing mit Namen Humperdinck dort überhaupt noch? Wenn Sie sich vorstellen, Sie öffnen Post, die an Ihren Vorgänger adressiert ist, messen Sie dem Inhalt vermutlich nur wenig Bedeutung zu. Manche Fehler in den Adressdaten lassen sich durch einfache Sichtkontrolle entdecken. Umso peinlicher, wenn folgender Fehler passiert, denn er zeigt, dass sich auf Absenderseite niemand diesen Brief angesehen hat.

NEGATIV-BEISPIEL: FEHLERHAFTE ADRESSDATEN BEISPIEL

ABC AG
Herr H junker
Rollfeldstr. 45
12345 Kallstadt

Sehr geehrter Herr junker, ...

Genauso ungeschickt ist es, den Namen in Großbuchstaben zu setzen. Dadurch entsteht gleich der Eindruck von Massenaussendung nach einer gekauften Namensliste. Und wer will schon gerne sehen, dass mit seinem Namen Handel getrieben wird?

Wenn Sie den Empfänger nicht namentlich kennen, sprechen Sie Ihre Zielgruppe so persönlich wie möglich an. Oftmals gerät die Anrede dabei zur Gratwanderung zwischen vertraut und respektvoll. Nutzen Sie die Möglichkeit der Gruppenbildung („Liebe Häuslebauer, ...“).

Versuchen Sie, den Empfänger emotional, persönlich und zugleich respektvoll zu begrüßen. Den Geschäftführer eines großen Traditionsbetriebs werden Sie eher konservativ mit „Sehr geehrter Herr ...“ ansprechen, während ein junges Programmiererteam auch „Hallo und guten Tag, ...“ akzeptieren wird. Bedenken Sie jedoch, dass Sie durch einen zu lockeren Ton leicht für respektlos gehalten und abgelehnt werden können.

Allgemein gilt: lieber einen neutralen, freundlichen Ton anschlagen als zu jovial auftreten. Gerade wenn Sie keine Namen der Empfänger besitzen oder die Personalisierung Ihres Mailings nicht vorgesehen ist (etwa bei Postwurfsendungen), stellt sich die Frage nach Alternativen der Anrede. Hierzu ein paar Vorschläge:

BEISPIEL **ANREDE OHNE NAMEN**

- Sehr geehrte Dame, ...
- Sehr geehrter Kollege, ...
- Liebe Mitarbeiter, ...
- Verehrte Kundschaft, ...
- An alle Schalke-Fans, ...
- Hallo, liebe Tauchfreunde, ...
- Hallo und willkommen bei ...
- Liebe Vereinskollegen, ...
- Lieber Autofreund, ...
- Liebe Hamburger, ...
- Guten Tag, lieber Tierfreund, ...
- Guten Tag, ...
- Willkommen im Club, ...
- Herzlich willkommen bei ...

Weitere Bespiele finden Sie auf Ihrer CD-ROM.

Begrüßungen funktionieren auch mit einem Ausrufezeichen statt des Kommas. Das Komma schafft jedoch einen flüssigeren Übergang zum Fließtext. Das Ausrufezeichen ist lauter, wirkt weniger sensibel und eher werblich. In speziellen Fällen lässt sich mit dem Ausrufezeichen aber durchaus die beabsichtigte Wirkung verstärken:

BEISPIEL **JAHRESZEITLICHE GRÜßE MIT AUSRUFEZEICHEN**

- Frohe Ostern!
- Frohe Pfingsten!
- Frohe Weihnachten!
- Ein gutes Neues Jahr!

Problematisch ist die Einbeziehung der weiblichen Form ohne diese artige Aneinanderreihung: „Liebe Mitbürgerinnen, liebe Mitbürger, ...“. Als Lösung bietet sich vielleicht eine neutrale Form an.

OBERBEGRIFFE VERMEIDEN AUSGRENZUNG

ACHTUNG

Elegant ist in manchen Fällen die Zusammenfassung unter einem neutralen Oberbegriff oder eine Sammelansprache im Plural: Kundschaft, Belegschaft, Sportinteressierte, Leserschaft, Mitglieder, Tierfreunde, Eltern, Hessen, Gäste.

Die folgenden Beispiele zeigen Einladungen eines Optiker-Fachgeschäfts an seine Kunden, das erste mit persönlicher Anrede, das zweite ohne Anrede. Die zweite Version zeigt, wie selbst ein Anschreiben ohne namentliche Anrede ansprechend und persönlich sein kann. Der Telegrammstil im ersten Beispiel dagegen reduziert den verbindlichen Charakter der persönlichen Ansprache. Der Unterschied in der Wirkung ist deutlich spürbar.

CD-ROM

MUSTER: MAILING IM TELEGRAMMSTIL

MUSTER

Frau Meier
Hugenottenallee 6
12345 Mühlheim

MÜHLHEIM, FRUEHJAHR 2015

SEHR GEEHRTE FRAU MEIER,

WICHTIGE INFORMATION + STOP + VERNISSAGE BEI OPTIK SCHRÖDER + STOP + EINLADUNG LIEGT BEI + STOP + FREUEN UNS AUF IHREN BESUCH + STOP + BITTE MERKEN SIE TERMIN JETZT SCHON VOR + STOP + SEHEN WIR UNS?

MIT FREUNDLICHEN GRUESSEN

IHR OPTIKER SCHRÖDER

MUSTER: EINLADUNG

Einladung

... zur Brillen-Vernissage „Toskanischer Frühling"

am 12. Mai 2009 ab 18.00 Uhr
bei Optik Schröder,
Nussweg 12 in Mühlheim.

Seien Sie unser Gast bei der Präsentation von internationaler Brillenmode. Führende Designer zeigen ihre neuesten Kollektionen einem ausgesuchten Publikum. Die Galerie Belle Epoque präsentiert sich mit exklusiven Steinrahmen von Maria Celan, in denen die Brillenkreationen ausgestellt werden.

Eine weitere Attraktion ist der Künstler Wolfgang Fliege. Er porträtiert Sie (mit Brille) in wenigen Minuten, sodass Sie das Porträt anschließend mit nach Hause nehmen können. Zur Abrundung des Programms reichen wir Ihnen kleine original toskanische Speisen mit Weinen der Region. Bitte merken Sie diese Veranstaltung jetzt schon vor.

Wir freuen uns, Sie am 12. Mai zur Vernissage begrüßen zu können.

Ihr Optik Schröder

Ziel der Anrede sollte sein, einen möglichst nahen Bezug zum Empfänger herzustellen. Erzeugen Sie ein Gemeinschaftsgefühl. Der Empfänger spürt eine gewisse Verbundenheit mit dem Absender, der ihm schreibt: „Haben Sie auch den ständigen Ärger mit der Nebenkostenabrechnung satt, Herr Werner?"

Da ist jemand mit den gleichen Sorgen, einer der sich auskennt. Mal sehen, welche Lösung er sich für das gemeinsame Problem hat einfallen lassen! Überlegen Sie also, ob Sie bereits in der Headline ein Gefühl der Verbundenheit herstellen wollen: „Wir alle leiden unter der Abgabenlast. Sie haben dabei jedoch Glück, sehr geehrter Herr Ohnesorge, denn..." – und damit leiten Sie direkt in den Fließtext über. Eine elegante, aber auch nicht einfache Form, das Thema zu nennen, den Empfänger zu begrüßen und direkt zu den Inhalten überzuleiten.

FLIESSENDER ÜBERGANG BEISPIEL

Haben Sie beizeiten an Ihre Rente gedacht,

sehr geehrter Herr Reibach,

dann können Sie Ihrer Zukunft ruhig entgegen sehen. Denn mit einer soliden ...

Diese Variante hat den Nachteil, dass die Begrüßung nachgereicht wird. Korrekter wäre, jemanden zuerst zu begrüßen und dann erst das Anliegen vorzustellen. Der Vorteil liegt im fließenden Übergang vom Aufhänger bis in den Fließtext.

So finden Sie den richtigen Einstieg

Ganz besondere Bedeutung kommt dem Briefanfang zu, denn hier stellen Sie gewissermaßen sich und ihr Produkt vor. Es ist Ihr persönlicher Auftritt.

KOMMEN SIE ZUR SACHE ACHTUNG

Der erste Eindruck zählt, eine zweite Chance bekommen Sie nicht. Wenn Sie jetzt lange um den heißen Brei herumreden, sind Sie aus dem Rennen.

Was haben Sie also zu sagen? Der Leser wird in den nächsten Sekunden entscheiden, ob er Sie „weiterreden" lassen will oder nicht. Und es ist leicht für ihn, das Gespräch zu beenden. Er braucht nichts zu sagen, muss sich nicht entschuldigen – er braucht das Schreiben nur in den Papierkorb fallen zu lassen. Ende der Verkaufsveranstaltung!

Also: Wollen Sie langweilen? Wollen Sie mit großen Versprechungen glänzen? Wollen Sie fachsimpeln? Oder Ihre Lebensgeschichte zum Besten geben? – NEIN: Sie wollen verkaufen. Also versetzen Sie sich in die Position des Lesers: Er mag keine leeren Versprechungen, er interessiert sich nicht für jedes technische Detail und selbstverständlich auch nicht dafür, was für eine tolle Firma Sie sind.

Der Empfänger Ihres Werbebriefs will, dass sein eigener Laden läuft! Und alles, was ihm dabei hilft, hat eine Chance gehört zu werden. Was offensichtlich nur den Umsatz des Absenders steigern soll, verliert. Überlegen Sie also zuallererst, was Sie selbst lesen wollen würden, wenn Sie in der Position des Empfängers wären. Dann erst beginnen Sie mit dem Schreiben.

Es ist nichts Unanständiges dabei, jemandem ein seriöses Angebot zu unterbreiten. Tun Sie das, vermitteln Sie Ihr Anliegen, kommen Sie zur Sache! Aber rücken Sie Ihrem Kunden in spe nicht auf die Pelle. Plumpe Vertraulichkeit ist ebenso fehl am Platz wie emotionale Überzeichnung Ihres Anliegens.

Stellen Sie sich auf die momentane Position Ihres Kunden ein und holen Sie ihn genau dort ab, mit all seinen Problemen, Befürchtungen, Zielen, Wünschen und Hoffnungen. Diese respektvolle und von Verständnis getragene Annäherung wird Ihr Kunde akzeptieren, vielleicht sogar schätzen. Er wird sich für Ihre Botschaft öffnen, weil er spürt, dass Sie sich um ihn bemühen, ihn verstehen, denken wie er. Also traut er Ihnen auch eine gewisse Kompetenz zu, ihm tatsächlich eine (bessere) Lösung für eines seiner Probleme anbieten zu können.

Bauen Sie eine logische Gedankenkette auf: Problem – Lösung – Nutzen. Übertreiben Sie nicht, verschweigen Sie aber auch nicht die Highlights. Viele kennen ihre eigenen Produkte tatsächlich so lange und gut, dass sie bestimmte Eigenschaften als allgemein bekannt voraussetzen. Denken Sie an den Leser: Was weiß er schon, was sollten Sie ihm noch verraten?

Der Empfänger wird ein feines Gespür dafür entwickeln, wie seriös Ihr Angebot ist. Ohne Vertrauen wird er nicht bestellen, ja: nicht einmal weitere Informationen anfordern, denn wer lässt sich schon gerne „beschwatzen“ oder gar „aufs Glatteis“ führen!

Stimmen Sie also den Einstieg sorgfältig auf die anvisierte Zielgruppe ab. Und bedenken Sie: Je später Sie Ihr bestes Argument einsetzen, desto weniger Leser werden Sie damit noch erreichen! Ein weiteres Argument dafür, Ihre Botschaft möglichst knapp zu fassen!

Für den Einstieg bieten sich (in Abstimmung mit der verwendeten Headline!) verschiedene Varianten an:

- Eröffnen Sie mit einer provokanten Frage/Behauptung
- Machen Sie ein (überraschendes) Versprechen
- Sprechen Sie einen Glückwunsch aus
- Schlagen Sie eine Brücke der Verbundenheit
- Beginnen Sie mit einem fachmännischen Rat
- Signalisieren sie eine Gefahr/einen Verlust
- Zitieren Sie eine bekannte Persönlichkeit
- Bieten Sie Unterstützung an
- Zeigen Sie eigene Erfahrung
- Wecken Sie Mitleid

Bleiben Sie konsequent bei Ihrem eingeschlagenen Weg. Werden Sie nach einem Einstieg über das Mitgefühl nicht belehrend, sprechen Sie nach einem Glückwunsch keine Warnung aus, und wenn Sie mit einem Zitat beginnen, bleiben Sie im entsprechenden Kontext.

Leiten Sie die Vorgeschichte nicht erst lange her. Beginnen Sie mit einem prägnanten Satz. Der Leser will sofort wissen, was ihn erwartet: ein schwer zu durchdringender Satzdschungel oder eine leicht verdauliche Kost. Machen Sie dem Leser also mit einem bündigen Einstieg Appetit auf Ihr Thema:

BEISPIEL **ERÖFFNEN SIE MIT EINER PROVOKANTEN FRAGE/BEHAUPTUNG**

- Wussten Sie eigentlich, dass mehr als die Hälfte aller ...?
- Wissen Sie genug, um damit erfolgreich ...?
- Ziehen Sie sich warm an, denn dieses Angebot ist wirklich supercool!

Weitere Einstiegsvarianten finden Sie auf Ihrer CD-ROM.

Lösen Sie die erzeugte Spannung aber auch wieder auf. Wenn Sie provozieren, lassen Sie mögliche Vorwürfe nicht auf dem Empfänger sitzen. Und wenn Sie Fragen in den Raum stellen, beantworten Sie diese. Bemühen Sie einen Vergleich, so bleiben Sie bitte nahe am Thema.

BEISPIEL **NEGATIV-BEISPIEL: FEHLENDE NACHVOLLZIEHBARKEIT**

Sehr geehrte Frau Gusentuber,

Was haben Samen und die Produktions-Logistik gemeinsam?

Ohne Samen kann keine neue Pflanze entstehen.

Ohne Logistik und Materialfluss kann kein Fertigungsunternehmen effizient und kostendeckend produzieren.

Wettbewerbsvorteile zu schaffen wird heute von erfolgsorientierten Unternehmen erwartet: einer der Garanten ist ein optimaler Materialfluss.

Produkten und Dienstleistungen für Logistik und Warenflusstechnik in der Elektronik-Fertigung wird ein hohes Wachstum prognostiziert.

usw.

Und, ist Ihnen jetzt alles klar? Damit soll übrigens für die Teilnahme an einer Elektronik-Fachmesse geworben werden!

MACHEN SIE EIN VERSPRECHEN BEISPIEL

- Wetten, dass Sie bis zum Ende dieser Woche ...
- Wir garantieren Ihnen, dass ...
- Nie wieder ohne ...
- Wir können, wovon andere nur träumen ...

Diese Beispiele finden Sie auch auf Ihrer CD-ROM.

Halten Sie Ihr Versprechen. Der Leser muss Ihnen glauben, dass Sie dies können und auch tun werden. Sie werden quasi zum Garant für einen Gewinn Ihres Kunden. Auch wichtig: Stellen Sie ihm nicht irgendeinen Vorteil in Aussicht, sondern einen Gewinn, den er auch haben möchte!

SPRECHEN SIE EINEN GLÜCKWUNSCH AUS BEISPIEL

- Glückwunsch! Sie haben ein Los der ...
- Wir gratulieren zu Ihrer Entscheidung für ...
- Sie werden sich täglich selbst zu dieser Wahl beglückwünschen ...

Diese Varianten finden Sie auf Ihrer CD-ROM.

Jeder lässt sich gerne beglückwünschen. Gute Wünsche unterstützen uns in unserem Streben, signalisieren Anteilnahme und Sympathie. Wer Glückwünsche ausspricht, der freut sich mit einem und für einen. So entsteht eine freundliche Nähe – keine schlechte Basis, um miteinander ins Gespräch zu kommen. Aber Vorsicht: Wenn Sie es nicht ernst meinen, spürt der Leser dies sofort. Und glaubt Ihnen kein Wort mehr!

SCHLAGEN SIE EINE BRÜCKE DER VERBUNDENHEIT BEISPIEL

- Danke, dass Sie ...
- Gute Nachrichten!

- Sie kennen doch auch die Geschichte von dem Mann, der ...
- Jeder von uns kann ...
- Ich habe eine schlechte und eine gute Nachricht für Sie: ...
- Sie sind auch einer von den Menschen, die ...
- Stellen Sie sich vor, wir könnten alle ...
- Spielen Sie mit beim ...

Diese Beispiele finden Sie auch auf Ihrer CD-ROM.

Hier sprechen Sie den Leser als „einen von uns“ an oder Sie geben sich als „einer wie du“ zu erkennen. Sie sprechen kameradschaftlich, lassen den Leser an Ihren neuesten Erkenntnissen teilhaben, malen ihm ein gemeinsames Traumbild, laden ihn ein, sich an einer Gewinn versprechenden Sache zu beteiligen oder sprechen ihn auf etwas aus Ihrer gemeinsamen Erfahrung an. Wenn Sie den richtigen Ton treffen, wird sich Ihr Leser tatsächlich angesprochen fühlen und Ihrem Angebot offen gegenüberstehen. Er wird aber umso empfindlicher auf irgendeinen Pferdefuß reagieren. Also: fair bleiben!

BEISPIEL

BEGINNEN SIE MIT EINEM FACHMÄNNISCHEN RAT

- Nach wissenschaftlichen Untersuchungen ...
- Unabhängige Untersuchungen kamen zu dem Resultat ...
- Experten warnen vor ...
- Ihr Problem gehört zum Glück der Vergangenheit an ...
- Prüfen sie unbedingt ..., bevor Sie ...
- Testen Sie selbst ...

Diese Einstiegsvarianten finden Sie auch auf Ihrer CD-ROM.

Überzeugen Sie durch Kompetenz! Lassen Sie Detailkenntnisse durchblicken. Beziehen Sie sich auf renommierte Wissensquellen wie Bundesbehörden, Marktforschungsinstitute, Hochschulen etc. Das stützt Ihre Position als Fachmann – und dem vertraut man sich gerne an.

STELLEN SIE DIE DRINGLICHKEIT HERAUS BEISPIEL

- Nutzen Sie das Angebot, bevor es zu spät ist!
- Zwei Minuten, die über Ihre finanzielle Zukunft entscheiden ...
- Noch drei Wochen bis zum definitiven Aus ...

Diese Beispiele finden Sie auch auf Ihrer CD-ROM.

Zeigen Sie dem Leser, dass das, was Sie ihm jetzt anbieten, so schnell nicht wiederkommt. Sei es, dass eine Steueränderung ansteht, eine Frist einzuhalten ist oder nur ein begrenztes Kontingent Ihrer Ware zur Verfügung steht. Machen Sie deutlich, dass der Leser jetzt handeln muss, um von den beschriebenen Vorteilen zu profitieren.

ZITIEREN SIE EINE BEKANNTE PERSÖNLICHKEIT BEISPIEL

- Ich bin ein Berliner!
- Die ich rief, die Geister, werd' ich nun nicht los!
- Haben Sie auch fertig?

Diese Zitate finden Sie auch auf Ihrer CD-ROM.

Wenn Sie jemanden zitieren, achten Sie auf einen direkten Bezug der Person beziehungsweise des Ausspruchs zu Ihrem Angebot. Konstruierte, weit hergeholte Bezüge wirken langweilig. Das Zitat muss den Kern der Sache treffen, sodass Sie direkt ins Thema einsteigen können, ohne erst eine Brücke zu Ihrem Produkt bauen zu müssen. Wenn Sie einen Klassiker bemühen, bleiben Sie dem Niveau verpflichtet. Rutschen Sie stilistisch vom

Goethe-Zitat ins Banale ab, geht Ihnen die Kohärenz verloren und das Schreiben „fällt auseinander".

BEISPIEL

BIETEN SIE UNTERSTÜTZUNG AN

- Beiliegend erhalten Sie heute zwei Gutscheine für ...
- Wir haben ... auf Ihren Namen reserviert.
- Ich freue mich, Ihnen heute mitteilen zu können, dass ...

Die Beispiele finden Sie auch auf Ihrer CD-ROM.

Aufmerksamkeiten erfährt jeder gern. Es tut gut, wenn sich jemand Mühe um einen macht, etwas für einen reserviert oder organisiert. Natürlich fragen wir uns, was dieser Jemand wiederum von uns haben möchte. Aber das erfahren wir früh genug. Wichtig ist zunächst nur, dass der Leser einer freundlichen Geste bereitwillig folgen wird und Sie damit einen eleganten Einstieg in das Mailing schaffen.

BEISPIEL

ZEIGEN SIE EIGENE ERFAHRUNG

- Früher ging es mir wie Ihnen...
- Morgens einmal nicht um sechs Uhr geweckt werden, das wäre schön!
- Ich hatte 18 kg Übergewicht. Noch vor 10 Wochen!
- Ich dachte immer, Spanisch in nur drei Wochen sei unmöglich!

Die Beispiele finden Sie auch auf Ihrer CD-ROM

Auch hier werden Gemeinsamkeiten betont. Zugleich enthält dieser Einstieg den Aspekt des fachmännischen Rates. Ihr Leser erfährt, dass Sie sein Problem aus eigener Erfahrung kennen. Aber der entscheidende Punkt ist: Sie haben das Problem in den Griff bekommen, dank des angebotenen Produkts. Wer könnte es also besser bewerten als Sie!

WECKEN SIE MITLEID

BEISPIEL

- Was haben Sie damals gemacht als Sie zwölf waren? Sicherlich nicht im Bergbau ...
- Wie lange arbeiten Sie für eine Schale Reis?
- Zwölf von hundert sterben sofort, viele erblinden. Eine traurige Bilanz ...

Wenn Sie für Unterstützung einer wohltätigen Organisation werben, dann müssen Sie vermeiden, dass der Leser Ihr Schreiben weglegt, weil es ihn nichts angeht. Nach dem Motto: „Ja, sicherlich gibt es auch in Pakistan blinde Menschen, aber die gibt es doch überall." Zwar möchte jeder gerne helfen, doch Ihr Leser kann nicht jedem Spendenaufruf nachkommen. Er muss also sondieren, wo Hilfe am dringendsten gebraucht wird und wo seine Spende am sichersten ankommt.

Stellen Sie einen Bezug zwischen Ihrem Leser und dem zu lindernden Leid her. Zeigen Sie, dass es Ihren Leser durchaus etwas angeht, wenn in Afrika die letzten Elefanten von Wilderern abgeknallt werden. Machen Sie die Verantwortung jedes Einzelnen deutlich. Und bieten Sie eine einfache, wirksame Hilfeleistung an, die der Leser ganz leicht unterstützen kann. Wenn Ihr Leser das Gefühl hat, dass nur zehn Prozent seiner Hilfe tatsächlich ankommen, wird er nichts geben.

CD-ROM

SPENDENAUFRUF PRÜFEN

SCHRITTE

Prüfen Sie Ihren Spendenaufruf:		**Bemerkungen:**
1 **Ist die Dringlichkeit betont?**	ja ☐ nein ☐	
2 **Haben Sie einen Bezug zum Leser hergestellt?**	ja ☐ nein ☐	
3 **Vermittelt Ihr Text, dass der Leser schnell, effektiv und sicher helfen kann?**	ja ☐ nein ☐	

Spannend und informativ – der Fließtext

Nachdem Sie mit einem interessanten Einstieg Neugier und Aufmerksamkeit beim Leser geweckt haben, kommen Sie schnell auf den zentralen Punkt Ihres Schreibens. Sagen Sie dem Leser, welche konkreten Vorteile das eigene Produkt, die angebotene Dienstleistung gegenüber den Mitbewerbern bietet. Argumentieren Sie schlüssig und ohne Hast, versuchen Sie nicht, alles in einem Satz unterzubringen. Setzen Sie ein Top-Argument auf das andere, aber übertreiben Sie nicht! Wenn der Leser sich festgehalten fühlt („Kunden-bindung"), wird er nur noch den Wunsch haben, sich zu befreien. Denken Sie immer daran: Im Fall eines Mailings schafft er das ganz leicht – er braucht es nur wegzuwerfen.

Setzen Sie den im Einstieg gewählten Stil konsequent fort. Bleiben Sie bei Ihrer persönlichen Note. So kann der Leser das Bild verdichten, das er sich von Ihrem Unternehmen und Ihrem Angebot macht.

Erlebbare Inhalte

Machen Sie Ihre Aussagen spürbar und anschaulich. Ihr Leser will keine nackten Fakten vermittelt bekommen, er möchte beim Lesen bereits den angekündigten Effekt spüren können. Er möchte das Gefühl der Überlegenheit im Geländewagen und den ruhigen Schlaf auf der Allergikermatratze bereits erleben.

BEISPIEL **GEBEN SIE DEM LESER BILDER!**

- Der Vampirette saugt wie der Teufel höchstpersönlich.
- Ungestört feiern bis ultimo – in Ihren eigenen vier Wänden.
- Wie wär's mit Frühstück in 11.000 Meter Höhe?
- Sonntag 5.30 Uhr. Die Welt schläft noch. Zeit für dich und deine Maschine!
- Der Multimedia-PC holt Ihnen die ganze Welt ins Wohnzimmer.

Der Leser sieht sich bereits beim Frühstück im Flugzeug nach Australien. Er sehnt sich nach der Freiheit der eigenen vier Wände. Es sind diese Bilder, die überzeugen und verkaufen. Daher verkaufen Sie kein Shampoo, sondern schöne Haare; keine Gartenmöbel, sondern Entspannung im Freien; kein Auto, sondern Lustgewinn. Was war noch gleich Ihr Angebot?

FORMULIEREN SIE UM BEISPIEL

Sie haben folgendes Produkt:	Sie verkaufen:
■ Zahnbürste	■ strahlendes Lachen
■ Lautsprecher	■ Klanggenuss
■ ...	■ ...

Innere Logik

Reihen Sie Ihre Gedanken für Ihren Leser in einer logischen Folge auf. Leiten Sie ihn vom Ausgangsgedanken über alle wesentlichen Argumente zu dem (einzig möglichen) Schluss – dem Antwortformular.

BLEIBEN SIE UMGANGSSPRACHLICH ACHTUNG

In Werbebriefen ist es meist üblich, für zukünftige Situationen und Handlungen die Gegenwartsform zu verwenden. Es ist knapper und klingt schlüssiger als das umgangssprachlich unübliche Futur. Die Vorstellung, etwas zu haben oder zu tun ist näher an der Realität als die, etwas (vielleicht einmal) tun zu können

Ihre Argumentationskette sollte keine Lücken oder Sprünge aufweisen. Wenn Ihr Leser nicht sofort nachvollziehen kann, was Sie ihm mitteilen wollen, dann ist es schnell vorbei mit seiner Geduld. Treffen Sie klare Aussagen.

ACHTUNG

AUF DIE FÜNF WS KONZENTRIEREN

Konzentrieren Sie sich beim Verfassen des Fließtextes auf die fünf Ws, die Ihren Kunden wirklich interessieren:

- Worum geht es?
- Wie lauten die Argumente?
- Welcher Vorteil ergibt sich?
- Was kostet das Ganze?
- Wie bestelle/reagiere ich?

MUSTER

MUSTER: BÜNDIGE ARGUMENTATION

CD-ROM

Praxis-Zulassung in Gefahr?

Sehr geehrter Herr Dr. Gelbfieber,

Kranke gehören in die Praxis, und zwar um sich behandeln zu lassen – nicht um zu arbeiten, wie Sie! Eigentlich erübrigt sich für Ihren Berufsstand eine Krankenversicherung – weil Sie sowieso immer arbeiten. Für den „worst case" einer langen und kostspieligen Behandlung haben Sie vermutlich eine Absicherung. Und sind damit gut versorgt.

Doch was ist mit Ihrer Praxis, wenn Sie fehlen?

Bei längerer Schließung droht der Entzug der Zulassung. Eine Vertretung ist nicht eben leicht zu finden – und muss bezahlt werden! Vielleicht für Monate.

Ich habe mir zu diesem Thema ein paar interessante Gedanken gemacht und rufe Sie in 10 Tagen an, um Ihnen weitere Informationen zu geben und zu prüfen, ob Handlungsbedarf besteht.

Ich wünsche Ihnen alles Gute!

Mit besten Grüßen

Ihr Daniel Denkmal
Genial-Versicherungen

MUSTER: ERKLÄRUNGSBEDÜRFTIGES PRODUKT

Kosten sparen mit Trockeneis

Guten Tag,

vielleicht fragen Sie sich jetzt, was Trockeneis mit Ihrer Branche und dann auch noch mit Kosteneinsparung zu tun hat.

Nun, der Einsatz von kältetechnischen Anwendungsverfahren zum Reinigen von Produktionsanlagen, zum Trennen von Verbundstoffen, beim Vermahlen elastischer Stoffe und zum Verriegeln von Durchflüssen kann auch Ihnen große Kosteneinsparungen bringen.

Ein Beispiel für das Reinigen mit Trockeneis:
Reifenformen werden im eingebauten Zustand direkt in der Presse gereinigt. Die Oberflächen schonende, nicht abrasive Reinigungsmethode erhöht dabei die Nutzungsdauer der Gussformen um ein Vielfaches. Außerdem sparen Sie Rüstzeiten und erhöhen dadurch die Produktionszeiten. Der geringe Zeitaufwand für die Reinigung und die Einsparung von Demontage und Montage senken Ihre Kosten deutlich – umweltfreundlich und rückstandsfrei.

Zögern Sie nicht, uns Ihre besonderen Anforderungen zu schildern. Ihre Aufgabenstellung ist unsere Herausforderung!

Mit freundlichen Grüßen

Friedrich Teschke
Customer Support

Konzentrieren Sie sich möglichst auf ein einzelnes Produkt, sodass Ihr Leser genau weiß, worum es in Ihrem Angebot geht. Dabei können Sie mit ein paar „Tricks" für eine leichtere Akzeptanz sorgen:

1 Stellen Sie zwei andere (eigene!) Angebote neben Ihr „Kernangebot": ein vergleichsweise „schwaches" Produkt für etwas weniger, und eines, das zwar etwas mehr kann, aber dafür deutlich teurer ist. Ihr Kunde wird Ihrer Empfehlung für das Angebot der „goldenen Mitte" so leich-

ter folgen. Die Relevanz des Angebots lässt sich durch einen „reduzierten Sonderpreis“ noch verstärken. Nennen Sie konkret den Betrag, den Ihr Kunde hierbei spart.

2 Begrenzen Sie Ihr Angebot mengenmäßig. So weiß Ihr Leser gleich, dass er schnell, möglichst sofort, reagieren muss.

3 Wenn Sie das Angebot (zeitlich befristet) für ihn „reservieren“, fühlt sich Ihr Kunde gut betreut und wird dankbar für Ihre Umsicht sein.

4 Bieten Sie ein Sparpaket: Ihr Kunde erhält mehrere (nicht zu viele!) Produkte für einen Preis, der deutlich unter den Einzelpreisen liegt. Dabei kann es sich sowohl um gleiche Produkte wie beispielsweise sechs Weingläser handeln asl auch auch um ein Werkzeugset.

5 Legen Sie einen Bonus obendrauf, etwa einen Weinführer oder eine Wasserwaage für den Schlüsselbund. Die Antworten werden beschleunigt, wenn Sie diese „Specials“ nur für die ersten 200 Besteller bieten. Der Haken: Wenn jemand nicht gleich reagiert, wird er später davon ausgehen, dass er nun bei einer Bestellung weniger erhält als andere zuvor. So verliert Ihr Angebot für ihn an Attraktivität.

6 Sprechen Sie eine Garantie aus, so kann der Besteller eigentlich gar nichts mehr falsch machen, außer: Ihr Angebot nicht zu nutzen.

Randbemerkungen

Randbemerkungen neben dem Fließtext können den Eindruck persönlicher Anmerkungen/Notizen vermitteln. Als hätte bereits jemand wichtige Notizen für die leichtere Bearbeitung des Themas zu einem späteren Zeitpunkt gemacht. Hat der Verfasser die Highlights noch einmal handschriftlich hervorgehoben?

Daher sollten Randbemerkungen stets in einer Schreibschrift gehalten sein. Sie bieten den Vorteil, dass sich der Leser an dieser Kurzfassung schnell und leicht ein Bild vom Inhalt des Schreibens machen kann. Im Sinne dieser Kurzfassung des Inhalts sollten Randbemerkungen natürlich auch kurz gefasst sein. Wenige Wörter mit den Kernaussagen des Mailings sind hier wertvoller als ganze Sätze.

BEISPIELE FÜR RANDNOTIZEN

BEISPIEL

- 4 Jahre Garantie
- Ihr Vorteil
- Bonuskarte gleich ausfüllen!
- jetzt 70 % Nachlass
- Service inklusive!
- Kostenloses Upgrade!

Verwenden Sie Randbemerkungen sparsam, um den Charakter des Besonderen zu erhalten. Markieren Sie wichtige Textstellen, achten Sie dabei unbedingt auf ein durchgängiges Schriftbild in Größe, Farbe, Linienbreite und persönlichem Stil, damit nicht der Eindruck entsteht, hier hätten mehrere Leute ein Wirrwarr von Notizen und Anmerkungen hinterlassen.

Auch drucktechnisch ist es von Vorteil, sich auf eine Farbe zu beschränken. Zur Auswahl der Farbe: Rot hat Korrekturcharakter und wirkt wichtig, gelb ist auf weiß schlecht lesbar, eine unerwünschte Wirkung für die Werbebotschaft. Grün passt zu Naturthemen, braun ist nahe am Schwarz der „gedruckten" Texte, lila wirkt etwas giftig. Am beliebtesten – in Anlehnung an die verbreitete Tintenfarbe von Füllfederhaltern – ist blau. Blau wirkt seriös, klar und verlässlich. Der Kontrast zu weißem Papier ist zudem weicher als beim Schwarz, was die blaue Farbe persönlicher wirken lässt.

So finden Sie die richtige Grußformel am Briefende

Der geschäftliche Standardgruß lautet „Mit freundlichen Grüßen" – das ist freundlich, aber auch unverbindlich. Die etwas leisere Variante „Mit freundlichem Gruß" ist bescheidener: Ein Gruß je Empfänger reicht. Mit diesen Grußformeln orientieren Sie sich an der unauffälligen Norm. Gegen diesen Standard ist nichts einzuwenden, insbesondere bei einer eher konservativen Zielgruppe.

Wollen Sie jedoch auffallen, überlegen Sie sich, ob nicht ein etwas persönlicherer Gruß besser zu Ihrer Zielgruppe passt, d. h. positiver von ihr aufgenommen wird.

BEISPIEL

GRUSSFORMELN

- Herzliche Grüße aus Bayern
- Frühjahrsgrüße vom Bodensee
- Es grüßt Sie
- Mit besten Grüßen

Sie können auch den beruflichen Aspekt in Ihren Gruß integrieren:

- Ihr Servicepartner
- Ihre Fachwerkstatt

Weitere Varianten finden Sie auf Ihrer CD-ROM.

ACHTUNG

NICHT MEHR ZEITGEMÄSS

- Ihr ergebener – OUT
- Mit vorzüglicher Hochachtung – OUT
- Hochachtungsvoll – OUT

BEISPIEL

WEITERE GRUSSFORMELN

Moderne Grußformeln:

- Ihr ... (Unterschrift)
- Machen Sie's gut!
- Bis demnächst im Club!
- Mit Grüßen vom Team

Dankbarkeit ausdrücken

- Herzlichen Dank, Ihr ...
- Danke für Ihre Aufmerksamkeit!
- Danke für Ihre Unterstützung!
- Danke im Namen der Kriegsopfer!

Weitere Vorschläge finden Sie auf Ihrer CD-ROM.

Eine weitere Möglichkeit ist, dass Sie einen eigenen Gruß als Ihr Markenzeichen etablieren. Sicherlich können Sie die folgenden Grüße den entsprechenden Moderatoren richtig zuordnen (Fliege, Ruge, Wickert):

1 Passen Sie gut auf sich auf!

2 Alles wird gut.

3 ... und eine geruhsame Nacht!

Nun ist eine Fernsehshow natürlich etwas anderes als ein seriöser Geschäftskontakt, aber denken Sie doch einmal darüber nach. Vielleicht findet sich für Ihren Geschäftsbereich ja eine schöne Formulierung, die persönlich ist, ohne plump oder flapsig zu sein.

BEISPIELE FÜR INDIVIDUELLE GRÜSSE BEISPIEL

- Ihr Urlaubsflieger
- Wenn's um die Wurst geht,
- Seien Sie sicher!
- Grüße aus dem Sonnenland,

Achten Sie darauf, dass sich möglichst alle Leser Ihrer Zielgruppe angesprochen fühlen. Geben Sie Ihrem Gruß eine persönliche Note, aber vermeiden Sie Aufdringlichkeit oder unangebrachte Vertraulichkeit.

Der Absender sollte ein Mensch sein, kein Unternehmen. Der Kundenbetreuer schafft emotionale Nähe und unterschreibt handschriftlich. Je mehr sich das Unternehmen textlich zurückhält, desto mehr wird der Gruß als Eigeninitiative des Kundenberaters empfunden und damit als authentisch und glaubwürdig angenommen. Je mehr das Unternehmen hingegen als Absender auftritt, desto unpersönlicher und stärker abgestellt auf das wirtschaftliche Interesse wirkt ein Gruß.

Ein kleines Präsent „zum Anfassen“ als Beilage ist bei einem Glückwunschschreiben vorteilhaft, aber nicht erforderlich. Falls man sich dafür entscheidet, sollte der Text dies sympathisch begleiten.

MUSTER: KUNDENGEBURTSTAG

Nur wer im Wohlstand lebt, lebt angenehm.
Berthold Brecht

Liebe Frau Dörrfleisch,

mit diesem Zitat von Berthold Brecht möchte ich Ihnen die besten Wünsche zu Ihrem „runden" Geburtstag übermitteln! Ich hoffe, Sie leben „rundum angenehm", was neben der finanziellen Absicherung auch Werte wie Familie und Zeit für die schönen Dinge im Leben betrifft.

Ein Geburtstag ist immer wieder auch Anlass, den Wandel im Leben zu reflektieren. Dabei kann es von Vorteil sein Anlagen, Versicherungen und Sparpläne an die veränderten Umstände anzupassen. Wenn Sie hier Handlungsbedarf sehen, können wir gerne in den nächsten Tagen gemeinsam prüfen, ob Ihre finanziellen Regelungen noch zu Ihrer aktuellen Lebenssituation passen, damit für Sie auch weiterhin alles optimal geregelt ist.

Viel Wohlstand, Glück und immer gute Gesundheit!

Ihre Jaqueline Jecke
Kundenberaterin

Der zweite Absatz in diesem Schreiben ist optional, um

- den Bogen zum bestehenden Geschäftsverhältnis zu schlagen,
- dem Empfänger neben den Grüßen einen klaren Mehrwert anzubieten,
- das persönliche Engagement für den Kunden zu unterstreichen,
- dem Kunden das Gefühl zu vermitteln, auch bisher stets gut beraten worden zu sein.

Was Sie bei der Unterschrift beachten müssen

Wenn Sie handschriftliche Anmerkungen im Mailing gemacht haben, unterschreiben Sie mit gleicher Schrift und Farbe. Setzen Sie Ihren kompletten Namen und Ihre Funktion in Druckschrift darunter, damit der Leser nachvollziehen kann, von wem er diesen Brief erhalten hat.

Wenn Sie über einen Titel verfügen und wissenschaftlichen Eindruck machen wollen, dann unterschreiben Sie mit

- Professor Dr. Humperdinck,
- Dr.rer.nat. Emil Humperdinck.

Für entsprechendes Image sorgen auch Adelstitel oder bekannte Personen des öffentlichen Lebens wie Sportler, Schauspieler, (ehemalige) Politiker und Unternehmer. Die Botschaft: Hier gibt es etwas, das auch höchste Ansprüche befriedigt.

In Österreich ist die Tradition der Titel noch sehr viel lebendiger als in Deutschland oder der Schweiz. Bis in die heutigen Tage haben sich historische Titel wie „Herr Geheimoberrat" erhalten; wichtig bei der korrekten Anrede von Empfängern in Österreich. Hier wird übrigens auch der „Diplom-Ingenieur" als Titel geführt, nicht so in Deutschland.

„Konsul Wegener" unter einem Spendenaufruf assoziiert eine Stiftung mit wohltätigem Charakter. Natürlich sollen Sie keinen Konsul erfinden, aber wenn Sie beispielsweise die Gattin des DFB-Vorsitzenden für eine Krebshilfeorganisation gewinnen können, dann signalisiert die deren Unterschrift eine saubere Verwaltung und wird bestimmt mehr Gelder in die Kasse spülen als ein „gez. Nobody". Stellen Sie sich jeweils die Wirkung Ihres Anschreibens vor, wenn es von folgenden Namen unterzeichnet ist:

- Graf Claus zu Soltau und Niederrhein
- Kardinal Traugott
- Babsi Beton, Preisträgerin der goldenen Maus
- Anton Floyhenji, Literaturnobelpreisträger
- Bodo Burg, Präsident der Welthilfsgenossenschaft

Achten Sie dabei auf den thematischen Zusammenhang! Ein Literaturnobelpreisträger kann als Abonnent einer Zeitschrift überzeugen, in Fragen der Kinderernährung wird man ihm jedoch weniger Kompetenz zusprechen. Versuchen Sie, eine prominente Persönlichkeit für Ihre Sache zu gewinnen Die unerwartete Publicity oder der Imagegewinn ist der ihr vielleicht sogar willkommen.

BEISPIEL **AKTION MENSCH**

Ein nicht personalisierter Werbebrief („An alle, die gerne gewinnen.") mit Xtra-Superlos der Aktion Mensch ist unterzeichnet von Geschäftsführer Dieter Gutschick, darunter ein Bild z. B. von Thomas Gottschalk. Die Namensähnlichkeit verstärkt die Werbebotschaft.

Das Postscriptum: Worauf kommt es an?

Das PS wird beim ersten Überfliegen des Werbebriefs in der Regel sehr früh wahrgenommen und sollte eine wichtige Botschaft enthalten. Hier kann z. B. ein überzeugender Zusatznutzen beschrieben werden. Bedenken können durch ein starkes Argument zerstreut, Kaufanreize durch eine großzügige Garantie verstärkt werden. Die Möglichkeiten des PS sind vielseitig.

Es ist quasi das Sahnehäubchen auf Ihrem Mailing. Hier brechen Sie den letzten noch vorhandenen Widerstand. Hier geben Sie den Lesern den letzten kleinen Schubs, den Antwortcoupon gleich auszufüllen. Und das ist auch erforderlich, denn hat der Empfänger das Schreiben erst einmal weggelegt, haben Sie in den meisten Fällen verloren.

Mit einem starken Schluss im PS können Sie das letzte erforderliche Quäntchen Überzeugungsarbeit leisten, das vielleicht noch zum klaren „Ja“ des Kunden fehlt. Mit einem guten PS stärken Sie die Glaubwürdigkeit Ihres Angebots, bringen einen weiteren Vorteil ins Spiel, wiederholen das Hauptargument, setzen eine Frist oder zerstreuen Bedenken mit einer Garantie. Aber fassen Sie sich kurz! Die Aussage muss intuitiv mit einem Blick erfassbar sein. Also maximal zwei Zeilen!

MÖGLICHE PS-INHALTE BEISPIEL

- Profitieren Sie noch heute von diesem einmaligen Angebot und Sie nehmen automatisch an der Verlosung von 100 City-Shoppern teil!
- Ein Freiexemplar ist auf Ihren Namen reserviert bis zum 30. Juni!
- Bonus! Als Frühbucher erhalten Sie einen zusätzlichen Rabatt von 20 %.

Weitere Vorschläge finden Sie auf Ihrer CD-ROM.

Ein PS steht gewöhnlich unter dem Abschiedsgruß, kann aber auch handschriftlich auf einem separaten Blatt erfolgen, beispielsweise auf einem Post-it-Zettel. Wie und wo auch immer Sie Ihre PS-Botschaft unterbringen, reduzieren Sie deren Wirkung nicht mit einem PPS!

In seriösen Geschäftsbriefen kann es aber auch angeraten sein, auf ein PS zu verzichten. Probieren Sie, wie der Brief auf Sie wirkt, wenn Sie die Inhalte des PS in den Fließtext integrieren. Schließen Sie dann mit einer persönlichen Grußformel. Sicherlich wirkt die Variante ohne PS weniger werblich, individueller, persönlicher, ruhiger. Entscheiden Sie von Fall zu Fall, je nach Zielgruppe und Image Ihres Unternehmens.

Auf jeden Fall ist der Verzicht auf das PS einem schwachen PS vorzuziehen. Wenn Sie ein starkes Geschütz in petto haben, nennen Sie es. Übrigens ist es mittlerweile auch üblich, die Bezeichnung „PS:“ am Zeilenanfang wie beim „Betreff:“ wegzulassen.

MUSTER **MUSTER: PS OHNE „PS:“** CD-ROM

transport logistic 2000 am 12.–18. Mai

Sehr geehrter Herr Dellinger,

die weltgrößte Logistikmesse ist eine gute Gelegenheit, sich bei Cargo Experts über die neuesten Entwicklungen auf dem internationalen Lufttransportmarkt zu informieren. Im Pressegespräch steht Ihnen der Vorstand persönlich Rede und Antwort.

Die zentralen Themen sind unsere Express-Services, die kundenfreundlichen Internetangebote sowie Idee und Perspektive unseres weiterentwickelten Unternehmensbildes. Mit der beigefügten Faxantwort können Sie uns Ihren Wunschtermin für das Gespräch mit dem Vorstand mitteilen. Wir freuen uns auf Ihre Teilnahme!

Mit freundlichen Grüßen

Horst Welteke
Customer Support

Beiliegend erhalten Sie einen Besucherprospekt
und den Aufkleber für Ihre Terminplanung.

Häufig verwendet werden abschließende, indirekt formulierte Fragesätze nach dem Muster: „Falls Sie nun ..., dann ...“ – Kein PS, das einen vom Hocker haut, aber freundlich und entgegenkommend.

BEISPIEL **INDIREKTE FORMULIERUNGEN**

- Wenn wir nun Ihr Interesse geweckt haben, ...
- Wenn unsere Produkte Sie näher interessieren, ...
- Wenn Sie nun neugierig geworden sind,...
- ... dann senden Sie uns einfach die gebührenfreie Antwortkarte.

- ... dann beantwortet Ihnen Frau Hörer unter Tel. 0800-00993311 gerne Fragen zu den technischen Details.
- ... dann rufen Sie uns an oder senden Sie ein Fax. Gebührenfrei!
- ... dann fordern Sie das für Sie bereitliegende Info-Paket an.

Direkte Fragen mit abschließendem Fragezeichen sind dagegen etwas umgangssprachlicher. Während indirekte Fragen die eigentliche Frage im Nebensatz untergehen lassen, konfrontieren richtige Fragen den Leser ganz direkt. Die Brisanz ist bei indirekten Fragen daher weitaus geringer als bei der direkten Frage, wie das folgende Beispiel zeigt:

INDIREKT ODER DIREKT BEISPIEL

- Indirekt: Rufen Sie uns an, wenn Sie noch weitere Informationen wünschen.
- Direkt: Welche Fragen können wir Ihnen beantworten?

Wie formulieren Sie am Ende des Schreibens motivierende Fragen, die den Leser davon überzeugen, dass er das Response-Element besser gleich ausfüllt und absendet? – Wählen Sie keine Formulierung, die als Antwort ein „Ja“ oder „Nein“ zulässt.

JA/NEIN-FRAGEN BEISPIEL

- Möchten sie nun mehr über die ... wissen?
- Wollen Sie die Vorteile der Frühbuchung nutzen?
- Wollen Sie schon bald Besitzer eines Eigenheims sein?

Der Leser kann sich hier mit einem uninteressierten „Nein“ verabschieden. Nicht so einfach hat er es dagegen bei Fragestellungen wie:

BEISPIEL **OFFENE FRAGEN**

- Wann besuchen Sie uns auf der Messe?
- Wann fliegen Sie mit uns?
- Welches Produkt interessiert Sie besonders?
- Was können wir nun für Sie tun? – Ihre Wünsche nehmen wir gerne entgegen unter Tel. 0800 – 00993311. Frau Hörer steht Ihnen mit kompetentem Rat bei allen Fragen zur Seite.

Diese Fragen regen den Leser an, sich Gedanken über die Antwort zu machen. Wenn er diese vorformuliert auf dem beiliegenden Response-Element findet, umso besser. Dann braucht er nur noch zu bestätigen und zu unterschreiben.

Wie Sie Stilmittel erfolgreich einsetzen

Natürlich kann man in einem Brief einfach Sachverhalte schildern, Fakten aneinander reihen und Daten auflisten. Hier erfahren Sie, wie Sie den Bezug zum Produkt verstärken und die Überzeugungskraft steigern. Hierbei helfen Ihnen:

- gezielte Fragen,
- Produktprüfungen,
- Testimonials,
- Slogan und Claim.

Fragen – gezielt und sparsam verwenden

Fragen in der Headline verlangen eine Antwort und leiten so in den Fließtext über. Im Fließtext selbst können Fragen auflockernd wirken und den direkten Bezug zum Leser herstellen:

BEISPIEL **FRAGEN AUCH IM FLIESSTEXT**

- „Und warum erzählen wir Ihnen das alles?"
- „Was bedeutet das für Sie?"
- „Warum sagt Ihnen das sonst niemand?"
- „Wäre es nicht schön, wenn auch Sie ...?"

Fragen Sie Ihrem Empfänger aber kein Loch in den Bauch. Fragen sollten nur sparsam und gezielt eingesetzt werden.

Beweise – damit schaffen Sie Vertrauen

Den Empfänger interessiert weniger, was Sie behaupten – Papier ist geduldig, als vielmehr Beweise. Statt zu behaupten, dass Ihr Präparat „dem Haarausfall wirksam entgegen tritt“, belegen Sie durch Zahlen, wo Ihr Produkt bisher welche Erfolge verzeichnen konnte.

BEISPIEL **BEWEISE SCHAFFEN VERTRAUEN**

- Testsieger in der Mittelklasse
- Sparsamstes Produkt im Vergleich
- Bisher schon 10.000 zufriedene Kunden, darunter auch...
- Langzeit-Frische klinisch getestet
- Höchster Vitaminanteil aller ...

Beschränken Sie sich auf ein bis drei überzeugende Beweise. Wenn Sie zu viele Belege „aufhäufen", entsteht leicht der Eindruck, Ihr Produkt genieße ein eher schlechtes Ansehen, dem Sie nun umso vehementer entgegenwirken müssen.

Testimonials – erhöhen Sie Ihre Glaubwürdigkeit

Kunden, Fachleute oder Prominente äußern sich zur Zufriedenheit mit dem Produkt. Oft auch mit Bild und Unterschrift, um die Glaubwürdigkeit zu erhöhen. Beispiele:

ÜBERZEUGTE AUSSAGEN BEISPIEL

- „Ich hätte nie gedacht, dass ein Tubenwaschmittel so gut sein kann."
- „Für mich gibt es keinen anderen Reifen mehr."
- „Früher suchte ich immer ein Haarspray für alle Tage. Jetzt habe ich es gefunden."

Wichtig ist, dass die Person und ihre Aussage zur Positionierung Ihres Produktes passen. Wenn es glaubwürdig ist, kann ein Testimonial dem Leser Zweifel nehmen und ihm die Kaufentscheidung leichter machen. Ein Tennisstar wird wohl einen kompetenten Tipp zur Ausrüstung geben, ein Filmstar zu Reisezielen. Witzig ist auch das ganz offenkundig vorgetäuschte Testimonial. So kann man Babys Worte in den Mund legen, aber auch Tieren, Pflanzen oder Produkten. Thematisieren Sie hierbei das Hauptinteresse des „Sprechenden".

Slogan und Claim – zeigen Sie Profil!

Die Begriffe Slogan und Claim werden oft willkürlich und falsch benutzt. Beide helfen bei der Profilierung, jedoch jeder auf eine eigene Art. Ein Claim ergänzt Ihren Firmennamen um eine zentrale Aussage, sozusagen Ihre verdichtete Firmenidentität. Der Claim steht entsprechend als Namensergänzung beim Firmenlogo und signalisiert Ihren Standpunkt, Anspruch und/oder Auftrag. Damit trägt er dazu bei, sich bei Neukunden gewissermaßen vorzustellen. Man positioniert sich und zeigt Profil. Daher sind Claims in Werbebriefen durchaus nützlich, sollten jedoch dezent eingesetzt werden.

BEISPIEL **CLAIMS**

- Nokia – Connecting people.
- Aral – Alles Super.
- VW – Das Auto.

Verzichten Sie aber auf nichtssagende oder allgemeine Claims wie: „Ihr zuverlässiger Partner", „Service und Qualität". Dadurch zeigen Sie allenfalls, dass Ihnen, wie vielen anderen, nichts Besseres eingefallen ist.

In Abgrenzung zum Claim ist der Slogan ein Werbespruch, der den Produktnamen mit einer Werbeaussage verbindet. Slogans können in einen Werbebrief integriert werden, verstärken dabei jedoch den werblichen Charakter. Je nach Produkt und Zielgruppe kann das vorteilhaft oder auch ungünstig sein. Ein Slogan kann beispielsweise von anderen Medien her bereits sehr bekannt sein und dem Leser gleich zeigen: „Ach, die sind das, mit dem ...!

SLOGANS BEISPIEL

- Haribo macht Kinder froh.
- Alles Müller oder was?
- Darauf einen Dujardin.

Slogans und Claims dürfen übrigens nicht einfach übernommen werden. Bei großer räumlicher und inhaltlicher Nähe zum Original kann auch eine Abwandlung zu wettbewerbsrechtlichen Problemen führen. Auch künden Kopien von fehlender Eigenständigkeit und mangelnder Originalität. Daher sollten Sie nur eigene Schöpfungen benutzen. Um sicher zu gehen, dass keine Schutzrechte anderer Marktteilnehmer berührt werden, insbesondere auch hinsichtlich unerwünschter Ähnlichkeiten, empfiehlt sich eine markenrechtliche Prüfung. Dieses und weitere Themen zu Namen, Marken, Claims, Slogans und Domains finden Sie ausführlich dargestellt in meinem E-Book „Die Macht der Namen“, erhältlich bei Redmark.de.

Wie Sie die wichtigsten Fehler vermeiden

Während die einen meinen, es *darf* einfach keine Fehler geben, halten die anderen Fehler für unvermeidbar und durchaus akzeptabel. Eine Frage des Anspruchs, aber eben auch der Wirkung nach außen. Menschen schätzen Verlässlichkeit, Sorgfalt, Aufmerksamkeit und Gewissenhaftigkeit – und all das lässt sich mit Fehlern eher schlecht vereinbaren. Grund genug, sich mal genauer anzuschauen, wo diese überall lauern:

- in der Rechtschreibung,
- in Sinnentstellungen,
- im Stil,
- in falsch gebrauchten Fremdwörtern,
- in missglückten Wortspielereien.

Sie haben ein tolles Mailing konzipiert: Schlagzeile, PS, Fließtext mit schlagkräftigen Argumenten, alles ist perfekt auf den Empfänger abgestimmt. – Beste Voraussetzungen für traumhafte Response-Zahlen ... Doch die erwartete Wirkung bleibt aus. Was ist falsch gelaufen?

Die Toleranzschwelle des Lesers bei einem unangefordert zugesandten Werbebrief ist denkbar niedrig. Meist wird er Sie nicht kennen und muss sich allein anhand von Erscheinungsbild und Inhalt Ihrer schriftlichen Botschaft ein Bild von Ihrem Unternehmen machen.

Was, meinen Sie, wird er davon halten, wenn er als Erstes seinen Namen falsch wiedergegeben sieht? Und weiter: Dort hängen zwei Worte aneinander, ein anderes ist falsch getrennt, das Datum ist nicht aktuell, ein Fremdwort falsch geschrieben. Er wird denken, dass der Absender sich nicht gerade viel Mühe gegeben hat. Der Gedanke liegt nahe, dass der Absender auch hinsichtlich der Produktqualität, der Liefertermine und des Services zur Nachlässigkeit neigt. Deshalb ist ein hohes Niveau an Sorgfalt ist erforderlich, um die Fehlerquote möglichst bei null zu halten.

BEISPIEL **ZEIT ZUM REIFEN**

Arbeiten Sie langsam und gewissenhaft, um Fehler von vornherein zu vermeiden. Lassen Sie Ihren Entwurf unbedingt über Nacht liegen und lesen Sie dann noch einmal alles laut vor. Wiederholen Sie diese Prozedur, bis Ihnen keine Verbesserungen mehr einfallen. Erst dann sollten Sie an einen Versand denken. Beginnen Sie also rechtzeitig mit Ihrem Briefentwurf, um nicht in Zeitnot zu geraten.

Und wenn Sie nach der Aussendung doch noch einen Fehler entdecken? Dann trösten Sie sich damit, dass es so gut wie kein absolut fehlerfreies Produkt gibt. Die Welt ist nicht vollkommen, und ein kleiner Fehler wird meist verziehen. Achten Sie jedoch darauf, dass Ihnen kein grober Fehler unterläuft. Und der kann auch einfach in einer ungünstigen Wortwahl bestehen, aus der Ihr Leser missverständlich deuten könnte, dass Ihre Aussagen vielleicht doch nicht ernst gemeint sind.

Nachfolgend betrachten wir die häufigsten Fehlerfallen, um diese schon beim Entwurf zu vermeiden.

Die neue Rechtschreibung – was hat sich geändert?

Machen Sie sich unbedingt mit den wesentlichen Veränderungen im Zuge der inzwischen nicht mehr so ganz neuen Rechtschreibreform vertraut. Die häufigsten Fehlerquellen in diesem Zusammenhang sind:

- Ein scharfes „s" wird nach kurzem Vokal stets „ss" geschrieben, also: dass, muss, Masse, bei langen Vokalen und bei Doppellauten allerdings „ß": Spaß, Gruß, Straße, fließen, draußen, Äußerung.

- Die Schreibweise leitet sich vom Wortstamm ab: behände von Hand, Stängel von Stange

- Drei gleiche Buchsaben können direkt hintereinander stehen: Teeei, Stofffetzen, Balletttänzer. Sie können auch schreiben: Tee-Ei etc.

- Fremdwörter lassen teilweise mehrere Schreibweisen zu: Spaghetti, Spagetti; Geographie, Geografie; Exposé, Exposee

- Getrenntschreibung: „sitzen bleiben" stets getrennt, gleich ob in der Schule oder auf einer Bank, ebenso „Rad fahren"; vieles, das früher „zusammengeschrieben" wurde, wird heute getrennt geschrieben. Wenn der Sinn allerdings verloren ginge, bleibt es bei der Zusammenschreibung: durchhalten, aufgeben, zusammenfahren etc.

- Zahlen und Wörter werden mit einem Bindestrich verbunden: 17-jährig, 12-Tonner, 80-prozentig.

- Groß- und Kleinschreibung: im Allgemeinen, heute Mittag, Jung und Alt, aufs Beste, die Erste Hilfe; aber: das ohmsche Gesetz.

- Trennungen: „st" und „sp" werden am Zeilenende getrennt, „ck" bleibt zusammen. Beispiele: Wes-te, Wes-pe, Zu-cker. Aber nicht: uns-tet, Ans-talt etc., sondern: un-stet, An-stalt.

Die richtige Wortwahl macht den Unterschied

Seien Sie sorgfältig in Ihrer Wortwahl. Die deutsche Sprache ist eine reiche Sprache; sie hält für viele Dinge mehrere Ausdrücke bereit. Dabei gilt es, die feinen Unterschiede zu beachten und den richtigen Begriff zu wählen. Nehmen wir Ihr „Unternehmen" (Sinngehalt: gemeinsames Streben nach Zielen, Visionen): Sie können es als „Firma" bezeichnen (kleinerer Rahmen), als „Betrieb" (produzierender Charakter), „Werk" (Industrie), „Niederlassung" (Zweigstelle) oder als „Laden" (legerer Ton). Neuerdings spricht man auch von „Units" (strategische Einheiten in der weltweiten Marktpräsenz), kaum noch dagegen vom „Stammhaus" (Traditionsbewusstsein), eher vom „Hauptsitz" (Zentrale).

Wenn Sie etwas verlosen, veranstalten Sie dann eine „Tombola", ein „Gewinnspiel", eine „Lotterie", eine „Verlosung" oder eine „Ziehung"? Was ist der Unterschied zwischen einem „Rundfunkempfänger", einem „Radio", einem „Tuner" und einem „Receiver"? Was der zwischen einem „Angebot", einem „Kostenvoranschlag" und einer „Offerte"?

Nehmen Sie nicht einfach das nächstbeste Wort, suchen Sie nach dem richtigen Begriff für Ihr Anliegen.

Papierdeutsch

Darunter verstehen wir ein amtssprachliches, sehr gestelztes, manchmal fast unverständliches bzw. sehr altmodisches Deutsch. Mit anderen Worten: Das ist die Sprache, die niemand spricht, aber manche meinen schreiben zu müssen. Antiquierter Stil und geschwollene Ausdrücke haben nichts mit erfolgreicher Verkaufskommunikation zu tun.

Verwenden Sie einen natürlichen Sprachstil. Testen Sie Ihre Entwürfe, ob sie auch laut gesprochen gut klingen. Wenn es unnatürlich, gestelzt klingt, so sind Sie wahrscheinlich ins Papierdeutsch geraten.

NEGATIV-BEISPIEL: PAPIERDEUTSCH

BEISPIEL

Hochverehrter Herr Kunstert,

gemäß der jüngsten Unterredung Ihres werten Herrn Kracht mit unserem Herrn Diemer in Ihrem geschätzten Hause möchten wir Ihnen nun unsere unverbindliche Offerte unterbreiten. Gerne freuen wir uns auf Ihre baldige Rückantwort und halten Ihnen für den eventuellen Bedarfsfall gerne entsprechende Kontingente zu Ihrer freien Verfügung. Diesbezüglich gewähren wir Ihnen selbstredend die gewohnten Gratifikationen. Da wir uns noch mit der Erstellung unseres Verkaufsprospektes in Produktion befinden, werden wir Ihnen diesen umgehend postalisch nachreichen, sobald uns entsprechende Druckergebnisse vorliegen.

Bis dahin verbleiben wir hochachtungsvoll und
mit den besten Empfehlungen

Ihre Wortschwall GmbH
gez. Direktor Rührend

Was ist an diesem Text nicht so gut gelungen? Der Verfasser hat hier viel zu häufig „wir" verwendet! Insgesamt elfmal „wir" bzw. „uns" deutet auf eine selbstbezogene Sichtweise hin, die von dem Mäntelchen übertriebener Höflichkeit nur notdürftig verdeckt wird. Aber das nur am Rande. Natürlich geht es hier um die Unnatürlichkeit der Sprache. Kein Mensch redet so. Entsprechend schwer fällt dem Leser auch, Gemeinsamkeiten mit dem Absender zu entdecken.

- „Hochverehrt" klingt übertrieben, anbiedernd. Alles was über „Sehr geehrte" hinausgeht, ist out.
- „Gemäß" muss nicht sein: „entsprechend" klingt ebenfalls distanziert. Am besten ist hier eine komplett neue Formulierung.
- „jüngste Unterredung": Gemeint ist „das Gespräch am ...".
- „Ihres werten Herrn": Heute würde man sagen „zwischen den Herren ... und ..."
- „in Ihrem geschätzten Hause": Am besten ersatzlos streichen.

- „möchten wir Ihnen unsere unverbindliche Offerte unterbreiten“: Wir möchten nicht unterbreiten, sondern wir bieten an.
- „unverbindlich“ für wen, möchte man fragen: Lassen Sie es weg und schreiben Sie einfach: „unser Angebot“.
- „Gerne freuen wir uns“: Wer tut das nicht gern!? Eine unbeabsichtigte Dopplung.
- „baldige Rückantwort“: Gemeint ist „bald von Ihnen zu hören“. Richtig: Rückantwort ist ebenfalls eine Dopplung.
- „für den eventuellen Bedarfsfall“ ist überflüssig. Natürlich bestellt der Kunde nur, wenn er auch Bedarf hat!
- „gerne entsprechende Kontingente zu Ihrer freien Verfügung“: „Gerne“ ist eine Wiederholung im selben Satz. „Entsprechende Kontingente“ ist vage, denn woher soll der Absender denn wissen, welche Mengen (besser als „Kontingente“) der Kunde benötigt? „Zur freien Verfügung“ – wie lange denn?
- „Diesbezüglich“: Bezüglich der freien Verfügung? Klingt zudem sehr amtlich.
- „Gewähren“ hat etwas leicht Herablassendes.
- „selbstredend“: Eine etwas altmodische Variante von „natürlich“ oder „selbstverständlich“.
- „gewohnte Gratifikationen“: Wenn der Kunde die Nachlässe eh schon gewohnt ist, dann erwartet er sie auch in Zukunft. Wenn wir das extra betonen, rühmen wir uns eigentlich nur selbst „ob der vorzüglichen Großzügigkeit“.
- „uns mit der Erstellung unseres Verkaufsprospektes in Produktion befinden“: Das wirkt hölzern. Warum nicht einfach aktiv formulieren: „An unserem Verkaufsprospekt arbeiten wir zurzeit noch“?
- „umgehend postalisch nachreichen“: „senden wir Ihnen gerne zu“.

- „sobald uns entsprechende Druckergebnisse vorliegen“: „sobald dieser fertig ist“.
- Grußformel: „Bis dahin verbleiben wir hochachtungsvoll und mit den besten Empfehlungen“: „Verbleiben“ ist out, ebenso „hochachtungsvoll“. „Und mit den besten Empfehlungen“ soll noch einen Gruß draufsetzen. Warum nicht einfach „mit freundlichen Grüßen“?
- „Ihre Wortschwall GmbH, gez. Direktor Rührend“ – es hat uns also eine Firma geschrieben und ein führender Mitarbeiter hat „gezeichnet“. Sollte es nicht eigentlich umgekehrt sein: „Ihr Fabian Rührend“, wenn Sie den Empfänger gut kennen, oder etwas schlichter „Fabian Rührend“ und darunter als Erläuterung „Geschäftsführer Wortschwall GmbH“?

Natürlich haben wir es hier mit einer ungewöhnlichen Häufung veralteter, übertriebener Ausdrücke zu tun. Aber Beispiele dieser Art helfen, eine Sensibilität gegenüber umständlichen Formulierungen zu entwickeln. Machen Sie deshalb den Sprechtest: Lesen Sie Ihren Text laut vor und fragen Sie sich, ob Sie sich im Dialog mit dem Kunden auch so ausdrücken würden. Im Zweifelsfall suchen Sie nach einem einfacheren, direkteren Weg, etwas zu sagen. Der Kunde ist nicht König, sondern Mensch und Sie kein Diener, sondern Mitmensch.

Fremdwörter

Auch viele Fachleute sind Ihnen dankbar für einen schlichten, verständlichen Sprachstil. Der Verwendung von Fremdwörtern haftet schnell ein leichter Dünkel an, das eigene Bildungsniveau unterstreichen zu wollen. Fremdwörter sollten daher, wenn sie nicht sehr geläufig sind, möglichst vermieden werden. Meist gibt es einen deutschen Begriff, der die Sache klar und verständlich wiedergibt. Wägen Sie im Einzelfall ab, was besser klingt oder besser verstanden wird.

BEISPIEL **FREMDWÖRTER UND IHRE ENTSPRECHUNGEN**

- Background – Hintergrund
- Hausse – Aufschwung
- Gratifikation – Vergütung
- Offerte – Angebot
- Investment – Kapitalanlage
- Kooperation – Zusammenarbeit
- Relegation – Ausschluss
- Zitation – Vorladung
- Trottoir – Gehsteig
- Tuner – Radio
- Enquete – Untersuchung
- relaxen – entspannen

Die Beispiele zeigen, dass Fremdwörter sehr unterschiedliche Qualitäten haben. Manche sind allgemein verbreitet, andere hingegen sind unüblich und werden nur in einem ganz bestimmten Zusammenhang verwendet. So ist auch die durch Fremdwörter erzielte Wirkung beim Leser sehr verschieden. Trottoir klingt heute altmodisch, Investment dagegen progressiv. Manche Wörter wie Baby, Job oder Rallye werden dagegen meist gar nicht mehr als Fremdwort wahrgenommen.

Wenn Sie in Ihrem Mailing Fremdwörter oder Fachbegriffe verwenden, werfen Sie unbedingt einen Blick in ein Fremdwörterlexikon oder in eine Fachveröffentlichung, in der das betreffende Wort richtig wiedergegeben wird. Auch wenn Sie sich sicher sind: Schlagen Sie nach! Viele Menschen glauben nicht, dass „Rhythmus" mit zwei „H“ geschrieben wird. Und auch hinsichtlich der Bedeutung selbst so gebräuchlicher Begriffe wie z. B. „Marketing“ gehen die Interpretationen doch teilweise recht weit auseinander.

Für Mailings im B2B-Sektor sind Fachbegriffe teilweise sinnvoll, um sich professionell und eindeutig mitzuteilen. Viele – insbesondere akademische – Verfasser neigen indes zu einem statischen Stil, der sich durch eine Häufung von Substantiven und Partizipien bemerkbar macht. Dadurch wirkt der Text vielleicht exakt, aber emotional tot. Beleben Sie Ihre Texte daher durch einen aktiven Stil mit wenigen Substantiven und vielen Verben.

AKTIVER STIL BEISPIEL

Schreiben Sie statt: „Die Auslieferung erfolgt innerhalb drei Werktagen ab Eingang der Bestellung." – aktiv: „Sie erhalten Ihre Prämie umgehend – am besten, Sie bestellen noch heute."

Eigenschaftswörter

Vielleicht sind Sie versucht, Ihr Angebot durch viele schmückende Eigenschaftswörter ins rechte Licht zu rücken. Übertriebene Häufungen positiver Aussagen und Superlative machen den Leser jedoch misstrauisch. Verwenden Sie lieber wenige, aber starke Adjektive, die Ihre Produktqualität anschaulich beschreiben. Verfassen Sie keine Lobeshymnen – weniger ist auch hier deutlich mehr! Schreiben Sie statt

- „absolut beste Versicherung" – „bedarfsgerechter Familienschutz",
- „himmlisch köstliche Teigwaren" – „leckere Pastavariationen",
- „der bestechende Allrad-Supertourer" – „der Herausforderer".

Andererseits gilt es, möglichst viele Sinne des Lesers anzusprechen. Das erreichen Sie durch gezielt eingesetzte Eigenschaftswörter.

SPRECHEN SIE DIE SINNE AN ACHTUNG

Welche Ihrem Produkt verwandten Themen lassen sich dazu benutzen, einen Geruch, ein Geräusch, einen Geschmack oder einen Reiz für den Tastsinn zu vermitteln? Lösen Sie durch eine sensitive Wortwahl angenehme Vorstellungen aus (Frühlingsduft, klingende Münze, schäfchenweich etc.).

Auf diese Weise können Sie viel Lebendigkeit in Ihren Brief bringen und sich so von den nüchtern-sachlichen Argumentationsketten vieler anderer Werbebriefe wohltuend abheben. Dieser Aspekt ist ganz besonders wichtig, wenn Sie sich an eine überwiegend weibliche Zielgruppe richten. Das hat nichts mit Rollenklischee zu tun, sondern mit den Erkenntnissen der Verkaufs- und Hirnforschung. Also machen Sie – auch für die männliche Kundschaft – Ihre Produkte nicht nur verfügbar, sondern auch erlebbar.

Negativformen

Verwenden Sie grundsätzlich positive Formulierungen. Auch verneinte Negativformen wirken negativ. Sagen Sie also lieber „leicht" als „unschwer", lieber „gut" als „nicht schlecht".

Negative Begriffe bringen eine gewisse Schwere in den Text. Auch wenn Sie Lösungen anbieten, vermeiden Sie alles, was düster und beschwerlich klingt. Dazu gehören Wörter des Leidens, des Todes, der Krankheit, der Schmerzen, des Kummers, des Hasses, des Verlusts.

Wenn Sie Alarmanlagen verkaufen wollen, sprechen Sie vom „Genießen des Urlaubs" statt vom „Kampf der Unsicherheit" oder von „Schluss mit der Bedrohung". Prüfen sie Ihren Text und ersetzen Sie negative durch positive Wendungen. Hilfreich ist hierfür ein Perspektivenwechsel. Nehmen Sie einen positiven Blickwinkel ein.

Dopplungen

Vermeiden Sie Doppelaussagen. Diese schleichen sich meist dann ein, wenn man es besonders „gründlich" ausdrücken will, wie sie das folgende Beispiel zeigt:

BEISPIEL

SAGEN SIE'S EINFACH

„Wenn Sie die Vorteile zusammenaddieren, werden Sie bereits schon heute feststellen, dass ebenso auch der Service mit eingeschlossen ist. Senden Sie uns deshalb also umgehend die beiliegende Anlage mit der Rückantwort baldmöglichst zurück."

Dieser Text ist voller Doppelaussagen. „Zusammenaddieren" doppelt das „Zusammenzählen" und das „Addieren". „Bereits schon" und „ebenso auch" beinhalten jeweils Wörtern, die das Gleiche sagen. Wenn etwas „eingeschlossen" ist, so kann man gut auf das „mit" verzichten. Die „beiliegende Anlage" hat bestimmt jeder gleich als Doppelaussage erkannt, „umgehend" und „baldmöglichst" stehen weiter auseinander, sind aber ebenfalls eine Dopplung, und zum Schluss noch ein Klassiker: Die „Rückantwort" ist nichts anderes als eine Antwort. Wenn man die Rückantwort auch noch „zurück" senden soll, dann wird der Dopplung sogar noch einer draufgesetzt.

Wiederholungen

Prüfen Sie Ihren Text auf Wiederholungen aller Art. Immer wieder ist beispielsweise zu lesen, dass sich der Absender *freuen* würde, wenn wir ihn kontaktieren und dass er uns mit *Freude* die Details erläutern wird. Und *gerne* können wir noch weitere Auskünfte erhalten, die er uns *gerne* zur Verfügung stellen wird. – Auch wenn Sie jemand sind, der sich gerne und viel freut, reduzieren Sie solche Formulierungen auf eine einzige Aussage. Was Sie wiederholen dürfen, ist die Kernaussage Ihres Briefs. Häufig wird dies im PS getan, um das Hauptargument zu unterstreichen und eine Reaktion zu forcieren.

Was die Wiederholung von Wörtern betrifft, so lassen sich meist geeignete Synonyme finden. Der Blick in ein Lexikon der Synonyme hilft hier weiter: mal Monitor, mal Bildschirm; mal vorschlagen, mal empfehlen. Achten Sie aber darauf, den Leser nicht zu verwirren. Er muss stets eindeutig verstehen, worum es geht. Sprechen Sie also nicht durcheinander vom Sonderband, der Spezialausgabe, dem Schmuckband und von der Lederedition.

Direkte Wiederholungen von „die die" oder „zu zu" klingen holprig und sind durch Umstellungen im Satz vermeidbar:

WORTWIEDERHOLUNGEN BEISPIEL

- „Die häufigsten Kriterien, die die Kunden anführen, sind Qualität und Service." Besser: „Service und Qualität werden von den Kunden am häufigsten genannt."
- „Es ist ein Leichtes, die Gardinen mit nur einer Hand zuzuziehen." Besser: „Und abends ziehen Sie beide Gardinenflügel einfach mit nur einer Hand zu."

Wettbewerb

Natürlich wollen Sie herausstellen, dass Ihre Produkte besser sind als andere. Mit einer eher zurückhaltenden Formulierungsweise vermeiden Sie Abmahnungen oder einstweilige Verfügungen. Verzichten Sie weiterhin auf pauschale Abwertungen der Mitbewerber. Vergleiche sind zulässig, sollten aber nur angewendet werden, wenn eindeutig vergleichbare Fakten wie Preise bei gleicher Leistung vorliegen. Ziehen Sie in Zweifelsfällen einen Anwalt für Wettbewerbsrecht hinzu, um unliebsamen Überraschungen vorzubeugen.

Grundsätzlich treten Sie souveräner auf, wenn Sie es dem Empfänger überlassen, Ihr Angebot selbst zu prüfen. Das richtige Maß ist hierbei natürlich abhängig vom voraussetzbaren Wissensstand Ihrer Empfänger und deren Bereitschaft bzw. Bedürfnis sich selbst zu informieren.

Worauf Sie bei Aufforderungen achten sollten

Vorsicht mit Aufforderungen! Vermeiden Sie in Ihren Anschreiben die Formulierung „... sollten Sie ...“!

BEISPIEL **KEIN ERHOBENER ZEIGEFINGER**

- Vor Inbetriebnahme der Anlage sollten Sie sich beim Fachmann vergewissern ...
- Dieses Angebot sollten Sie sich nicht entgehen lassen!

Solche Ratschläge wirken bevormundend, mahnend, besserwisserisch, drängend. Ihre Kunden wollen sich jedoch weder zu etwas drängen noch bevormunden lassen, sondern selbst entscheiden!

„Sollten Sie zu unserem Angebot noch Fragen haben, ...“ – hier schwingt leicht ein „tatsächlich“ oder „etwa“ mit, das den Leser in ein etwas unmündiges Licht rückt. Aber auch in der Variante von „Haben Sie vielleicht noch Fragen“ unterstellt man dem Leser, womöglich nicht alles begriffen zu haben, bzw. räumt ein, dass die gegebenen Informationen eventuell unverständlich oder ungenügend seien.

Besser, Sie stehen zum aktuellen Informationsstand und bieten dem Interessenten die Möglichkeit, weiterführende Informationen abzurufen:

- Möchten Sie nun noch mehr wissen?
- Haben wir Ihr Interesse geweckt?
- Für weitergehende Fragen steht Ihnen ... zur Verfügung.

Wenn Sie eine Aufforderung formulieren, dann verwenden Sie kein Ausrufezeichen. Ein freundliches „bitte“ und ein schlichter Punkt reichen völlig aus. Und wenn Sie Ihrer Bitte noch ein gutes Argument folgen lassen, geben Sie dem Leser Anreiz zum Kontakt und zugleich den Freiraum, selbst zu entscheiden. Also nicht:

- Unbedingt noch heute anrufen!
- Sofort antworten!

Besser:

- Für weitere Informationen rufen Sie bitte an. Unsere Spezialisten erstellen maßgeschneiderte Lösungen für Ihren individuellen Bedarf.
- Weitergehende Beratung erhalten Sie unter ...
- Bitte füllen Sie die Antwortkarte noch heute aus und profitieren Sie vom zeitlich befristeten Service-Check.

Sprechen Sie auch nicht von „Testen Sie Ihr ...“ oder „Endlich erfahren (auch) Sie...“ oder „Lernen Sie hier ...“, Sie stellen sich sonst über Ihre Kunden. Bleiben Sie auf Augenhöhe: Laden Sie Ihr Gegenüber ein, etwas herauszufinden, eine gute Erfahrung zu machen. Empfehlen Sie die Vorzüge, aber geben Sie keine Anweisung. Der Empfänger fühlt sich sonst schnell gegängelt. Außerdem scheuen viele Kunden vor Testsituationen intuitiv zurück – sie könnten ja schlecht abschneiden.

Ohne Handlungsaufforderung riskieren Sie aber, dass der Empfänger seiner (natürlichen) Trägheit nachgibt und nichts tut. Der einzige Ausweg aus diesem Dilemma ist, den Leser zu überzeugen und in ihm die Motivation zu wecken, Ihr Angebot „von sich aus“ wahrzunehmen.

ACHTUNG

ZURÜCKHALTUNG WECKT VERTRAUEN

Schreiben Sie in einem natürlichen, unaufdringlichen Stil. Lassen Sie die Argumente für sich sprechen. Je weniger hinter einem Angebot steckt, desto aufdringlicher der Stil. Intuitiv weiß das auch Ihr Empfänger!

Seien Sie aber nicht harmlos! Das folgende Schreiben verzichtet ganz auf eine Headline und auf ein starkes PS. Wirkt es auf Sie überzeugend?

BEISPIEL

NEGATIV-BEISPIEL: HARMLOSES MAILING

Sehr geehrter Herr Möhring,

der Kostendruck in Projekten nimmt weiter zu! Im projektspezifischen Spannungsfeld zwischen Kosten-, Termin- und Qualitätszielen benötigen Sie die richtigen Controllinginstrumente.

Nutzen Sie unser dreitätiges Intensivseminar „Projektcontrolling" am 4. bis 6. Oktober in Bad Boll, zu dem wir Sie herzlich einladen, um sich die aktuellsten Verfahren und Tools des Kostencontrollings anzueignen. Die begrenzte Teilnehmerzahl und ein controlling-erfahrener Seminarleiter garantieren Ihnen intensives Lernen. Nähere Informationen entnehmen Sie bitte dem beigefügten Programm.

Freundliche Grüße aus Donauwörth

Franz Friggelmaier
Customer Manager

PS: Sichern Sie die Wirtschaftlichkeit Ihrer Projekte!

Die mehrfache Wiederholung des Begriffs „Controlling“ vermittelt wenig Souveränität und wirkt teilweise kontraproduktiv: Selbstverständlich erwartet man vom Seminarleiter Erfahrung in der Thematik. Der Ton ist freundlich, allerdings ist es zweierlei, jemanden zu einem Seminar „herzlich" (auf Kosten des Hauses?) einzuladen oder eben ein Seminar zur Buchung anzubieten. Dies sollte klar vermittelt werden. Das PS vergibt die Chance, ein weiteres, starkes Argument zu nennen. Stattdessen wird die Grundthematik des Schreibens lediglich wiederholt, noch dazu ohne Emotionen zu wecken.

Vorsicht bei Wortspielen

Es gibt gute Beispiele gelungener Wortspiele: „Mann, sind die Dickmann", „Vernunft, Vertrauen, Fairsicherungen", „Kleben Sie wohl!". Neben Doppeldeutigkeiten und Verfremdungen bieten sich auch andere Spielereien wie z. B. Alliterationen: „Drehzahl, Dynamik, Dominanz". Wenn Sie Ihre Botschaft dergestalt – vielleicht auch als ganzen Satz – verpacken möchten, so fallen Sie zwar auf („Maiermilch macht müde Männer munter!") – aber schreiben Sie deshalb Werbebriefe? Wenn Sie sich erinnern: Sie wollen verkaufen, nicht Sprachkunst darstellen. Wortspiele in der Headline müssen in erster Linie neugierig machen und dürfen nicht vorrangig der Unterhaltung dienen. Eine erfolgreich eingesetzte Form des Wortspiels ist die der – vermeintlichen – Gegensätze: „Sie spannen uns ein – und bleiben entspannt." (Inkasso); „Wenn nichts mehr geht, stehen wir es durch." (Rechtschutz).

Reime

Eine weitere, beliebte Form des Wortspiels sind Reime. Man möchte fast sagen, leider:

- „Wenn's Haus korrekt gebaut sein soll,
  komm lieber gleich zur Zimmerei Troll."
- „Fenster ein baut dir keiner so flott,
  wie die Fensterbauer von Johannes Mott."

Diese besonders bei Handwerkern beliebten Flirts mit der Lyrik sind nicht sehr zu empfehlen. Um die Wahrheit zu sagen: Meist schmerzen sie, denn selten finden dabei ein brauchbares Versmaß und ein geistreicher Gedanke zusammen. Was bleibt, ist ein nett gemeinter Versuch, „Hallo" zu sagen. Selbst wenn man im ersten Beispiel das Versmaß rettet, bleibt die Aussage banal:

- „Wenn's Haus korrekt gebaut sein soll,
  komm lieber gleich zu Firma Troll."

Oder reagieren Sie etwa selbst auf altbackene Ratschläge in Wilhelm-Busch-Manier mit Vertrauensvorschuss und Kaufrausch?

Aphorismen

Eine weitere Form des Wortspiels sind Aphorismen, also geistreiche, prägnant formulierte Sinnsprüche: „Ein trautes Heim ist ein Heim, in das man sich heimtraut." (R. Lembke)

Stellen Sie einen solchen Sinnspruch über Ihr Mailing, so fragt sich der Leser, was das denn nun mit Ihrem Angebot zu tun haben soll. Der unterhaltende Effekt weicht schnell einer Ratlosigkeit, die möglicherweise in Verärgerung mündet. Typisch für Aphorismen ist zudem eine gewisse Hintersinnigkeit beziehungsweise Doppeldeutigkeit. Dies steht Ihrem Anliegen bzgl. klarer Aussagen jedoch entgegen. Vorsicht daher auch mit Sinnsprüchen.

Zitate

Mit Zitaten können Sie zweierlei erreichen: Zum einen heften Sie sich etwas kulturellen Hintergrund ans Revers, zum anderen unterlegen Sie Ihr Produkt mit dem Image der zitierten Person. Das kann besonders dann gut ankommen, wenn das Zitat nur in einem übertragenen Sinn Bezug auf Ihr Produkt nimmt.

Sie sind ein Sprachinstitut und wollen mit einem Mailing Kunden auf sich aufmerksam machen. Sie flirten mit dem Gedanken an ein Zitat zum Einstieg ins Thema. Also blättern Sie in einem Zitatelexikon und finden zum Thema Sprache Folgendes:

- „Die wahre Heimat ist eigentlich die Sprache.“ (Wilhelm von Humboldt)

An diesen Gedanken können Sie beispielsweise Ihr Sprachtrainings-Angebot anknüpfen. Oder Sie verkaufen Musik in regionaler Mundart. Aber so richtig originell ist das Zitat in beiden Fällen nicht. Wichtig bei der Verwendung von Zitaten ist der enge Bezug zum eigenen Anliegen.

- „Nur der Irrtum ist das Leben, und das Wissen ist der Tod.“ (Friedrich von Schiller)

Obwohl dieser kluge Gedankte zu Thema „Lernen“ von Schiller stammt, lockt auch dieses Zitat kaum eine Seele zur Fortbildung. Wer will schon sterben, nur um mehr zu wissen! Sie sehen: Ein wirklich passendes Zitat zu finden kann mühsam sein.

Sprichwörter

Sprichwörter eignen sich nicht so gut als Aufhänger wie Zitate. Wollen Sie ein Fortbildungsangebot mit „Was Hänschen nicht lernt, lernt Hans nimmermehr“ einleiten? Oder mit diesen:

- „Ohne Fleiß kein Preis.“
- „Wo Herz und Verstand zugleich sich regen,
  bringt der Fleiß Erstaunliches zu Wegen.“
- „Wissen ist Macht.“
- „Ein gutes Beispiel ist der beste Lehrmeister.“

Passt alles irgendwie nicht so recht. Und als Geldinstitut werden Sie Ihre Sparkundschaft nicht mit „Wer den Pfennig nicht ehrt, ist des Talers nicht wert“ umwerben. Meinen Sie, Sie verkaufen mit „Eigener Herd ist Goldes wert“ auch nur einen einzigen Küchenherd? Wohl kaum. Sparen Sie sich also die Mühe mit Sprichwörtern. Entweder sind sie abgegriffen, wirken belehrend, passen nicht recht oder sie sind flach – oder alles zusammen.

Auslassungen

Mancher Verfasser von Werbebriefen beginnt mit einem bekannten Spruch, gewissermaßen als verbindendes Element, denn Gemeinsamkeiten fördern schließlich das Vertrauen. So weit so gut, jedoch ist mit den dabei häufig verwendeten Auslassungen vorsichtig umzugehen. Durch Auslassungen entstehen Lücken, die leicht zu Meinungsverschiedenheiten oder Missverständnissen führen.

BEISPIEL **LEICHT ZU ERGÄNZEN?**

- Was du nicht willst, das man dir tu, ...
- Wer andern eine Grube gräbt, ...
- Morgenstund hat ...

Der Leser wird kreativ beteiligt, den begonnenen Text zu vervollständigen. Aber vermeiden Sie unbedingt Besserwisserei. Lassen Sie Ihren Kunden nicht in die Falle der richtigen aber banalen Antwort tappen, um diese dann mehr oder weniger geistreich mit Ihrer eigenen, neuen Variante zu toppen. Er wird Ihrer Version nicht folgen, und fällt diese auch noch langweilig oder allzu konstruiert aus, ist es mit dem Interesse gleich ganz vorbei. Vorsicht also mit Auslassungen! Begleiten Sie Ihren Leser zu der richtigen Ergänzung, lassen Sie ihn diese quasi selbst entdecken. Die Botschaft muss jedoch unbedingt einen engen Bezug zum beworbenen Produkt haben. Sonst fehlt der Zusammenhang.

Die richtige Perspektive – so schreiben Sie kundenorientiert

Warum Sie es vermeiden sollten, den Leser aus der Ich-Perspektive anzuschreiben, wurde bereits zuvor erläutert. Trotzdem passiert es immer wieder, dass man automatisch in den gewohnten Stil zurückfällt. Daher sei nochmals betont: Schreiben Sie nicht *von* sich und *über* den Empfänger, sondern versetzen Sie sich *in* den Empfänger. Fragen Sie sich, was diesen überzeugen kann, worüber er sich freuen würde und was ihn dazu bringen könnte, gerne Ihr Kunde zu werden.

Zählen Sie also durch: wie oft steht in Ihrem Entwurf „wir“, „unser Name“, „unser Produkt“, „unser Service“? Und wie oft sprechen Sie vom Empfänger? Und wenn Sie von „ihm“ sprechen, tun Sie das mit Anweisungen, Ratschlägen, Besserwisserei? Oder billigen sie ihm Geist und Kompetenz zu?

Das Gegenteil von der Ich-Perspektive, die den Kunden kaum wahrnimmt, ist das Bemühen, es dem „König Kunde“ unbedingt recht machen zu wollen. Hierbei besteht die Gefahr eines profillosen Auftretens. Machen Sie klare Aussagen, Ihr Kunde möchte etwas „Greifbares“. Scheuen Sie sich daher nicht, selbstbewusst Ihre eigene Position zu behaupten. Der Kunde spürt sehr wohl, wo er süßen, klebrigen Honig ums Maul gestrichen bekommt – und wird es Ihnen nicht danken. Daher nochmals das oberste Gebot: ehrliche, selbstbewusste Kommunikation in Augenhöhe.

Korrektorat: Niemals ohne!

Nach den letzten(!) Korrekturen und Änderungen unterziehen Sie Ihr Mailing einer gründlichen Rechtschreibprüfung. Gehen Sie den Text Wort für Wort durch und prüfen Sie neben der Rechtschreibung insbesondere Zeichensetzung, Wortzwischenräume und Zeilenumbrüche. Vergessen Sie dabei nicht die Anschrift, das Datum und sämtliche Beilagen.

Am besten lassen Sie mehrere Personen Ihr Mailing kritisch durchlesen. Es ist ein altbekannter Effekt, dass der Verfasser seinen eigenen Fehlern gegenüber die größte Blindheit besitzt. Der Autor wird seine Fehler schon deshalb leichter übersehen als andere, weil er den Text wahrscheinlich schon zigmal durchgegangen ist und ihn daher nahezu auswendig kennt. Wichtig: Ändern oder verbessern Sie nach dem letzten Lektorat nichts mehr am fertigen Produkt. Allzu leicht schleichen sich sonst wieder neue Fehler ein.

Beliebt ist beispielsweise, dass der Layouter die Ränder des Schriftfeldes schnell noch einmal anklickt und ein Fitzelchen auf das zugrunde liegende Raster verschiebt. Dadurch kann sich aber der Zeilenumbruch am rechten Rand verschieben und damit feste Trennstriche in die Zeilen rutschen, unsichtbare doppelte Blanks am Zeilenende ebenso. Und das sieht dann aus, als hätte man gar kein Korrekturlesen durchgeführt. Also Finger weg von korrigierten Texten! Als Autor für vielerlei verschiedene Medien habe ich immer wieder die Erfahrung gemacht, dass die ursprüngliche, geprüfte Fassung aus unterschiedlichsten Gründen auf irgendeine Art fehlerhaft veröffentlicht wurde. Hier hilft einzig und allein die definitive Endkontrolle. Ihr korrigierter und freigegebener Text nimmt zuweilen erstaunliche Mutationen an, daher: Vertrauen ist gut, Kontrolle ist besser.

Wie Sie Response-Elemente richtig einsetzen

Wenn Sie Ihren (potenziellen) Kunden ein Angebot machen, erwarten Sie eine Reaktion. Es ist mehr als sinnvoll, sich schon vor der Aussendung Gedanken darüber zu machen, wie diese Reaktion erfolgen soll.

So können Sie

- Antwortwege frühzeitig kanalisieren,
- Widerstände minimieren,
- den Rücklauf erhöhen,
- Kapazitäten für die Bearbeitung vorhalten,
- Ihre Aussagen visuell unterstützen.

Wenn Sie mit Ihrem Anschreiben nicht nur Imagegewinn oder Kundenpflege anstreben, dann möchten Sie, dass der Empfänger zum Kunden wird. Er soll sich über Ihre Produkte informieren, bestellen oder einen Gesprächstermin nutzen.

Solange sich der Empfänger mit den Inhalten Ihres Schreibens beschäftigt, ist er begeisterungsfähig, lässt sich motivieren. Vertrauen Sie nicht darauf, dass er es zwei Tage später noch sein wird. Ihr potenzieller Kunde ist dann wieder in seinem Tagesgeschäft und wird schon wieder von neuen, anderen Werbebotschaften angesprochen. Sie haben also nur eine Chance. Und die nutzen Sie, indem Sie dem Interessenten klar vermitteln, was er tun kann und zu welchen Bedingungen. Sagen Sie ihm, welche Telefonnummer er zu welchen Gebühren und Zeiten nutzen kann, um seine Wünsche mitzuteilen. Nennen Sie möglichst den Ansprechpartner mit Namen und Funktion.

ACHTUNG

GEBEN SIE KLARE INFORMATIONEN

Jede noch so kleine Unklarheit kostet Sie Kunden. Achten Sie besonders darauf, dass Ihr Leser keine wesentliche Information vermisst. Lassen Sie keine Fragen offen. Fügen Sie eine Antwortkarte bei, die er mit geringem Aufwand ins Fax stecken oder – möglichst portofrei – an Sie senden kann. Alles muss ganz einfach sein.

Wenn Sie Ihren Leser ausreichend motiviert haben, wird er spontan das Response-Element nutzen und Kontakt mit Ihnen aufnehmen. Optional geben Sie an, wo genau auf Ihrer Website vertiefende Informationen abgerufen werden können. Von dort aus kann der Interessent Sie auch per E-Mail kontaktieren. Die Website fungiert hier als Prospektmaterial und sollte entsprechend gestaltet sein. Im Folgenden betrachten wir die unterschiedlichen Antwortmöglichkeiten.

Schriftliche Antwort – je einfacher, desto besser

Das Response-Element muss leicht und schnell erfassbar sein. Mit einem Blick muss für den Kunden erkennbar sein,

- dass dies das Antwortformular ist,
- worum es in dem Angebot geht,
- was genau er bekommt,
- was es kostet,
- was er ausfüllen muss und
- wohin er das Ganze sendet.

Gleich ob Antwortschein, -karte oder -fax, ob auf der Rückseite des Anschreibens, als Coupon am Seitenrand oder als separates Blatt: Kennzeichnen Sie das Response-Element als „Fax-Antwort“, „Bestellschein“, „Info-Scheck“ oder „Gratis-Gutschein“. Wenn es sich auf der Rückseite des Anschreibens befindet, so weisen Sie auf der Vorderseite darauf hin. Stellen Sie den zentralen Nutzen beziehungsweise Vorteil in den Vordergrund:

- Jetzt gratis das führende Managermagazin testen!
- Die besten Tipps der Profis – kostenlos zur Probe!
- Persönlicher Gratis-Gewinnscheck für Herrn Hans-Albert Argwohn!

Kennzeichnen Sie die Stellen, an denen der Kunde etwas ankreuzen oder unterschreiben soll. Und geben Sie die Fax-Nummer gut lesbar an – sinnvollerweise nicht nur am oberen Seitenrand, der bei Eingabe der Nummer kopfüber im Gerät steckt, sondern auch unten. Erteilen Sie kurze und klare Anweisungen. Der Empfänger muss genau wissen, was er zu welchen Bedingungen wann bekommt, wie die Zahlung erfolgt, welche Sicherheiten er hat und was er dafür tun muss. Weisen Sie ggf. auch auf eine erforderliche zweite Unterschrift hin. Vermeiden Sie dabei aber alles, was nach Verpflichtung klingt.

Bei Rückumschlägen und Antwortkarten drucken Sie möglichst die Kundenadresse als Absender und natürlich Ihre Empfängeranschrift auf, nicht zuletzt um Fehlleitungen zu vermeiden. Übernehmen Sie auch das Porto, so schaffen Sie ein weiteres Hindernis aus dem Weg. „Porto zahlt Empfänger“ macht es Ihrem Kunden leicht zu antworten. Vergessen Sie nicht, auf den Rückumschlag über dem Adressfeld „Antwort“ oder „Werbeantwort“ aufzudrucken. Wenn zudem die Adresse noch maschinenlesbar gestaltet ist, so spart Ihnen das einiges an Porto, denn Sie zahlen nur für die tatsächlich zurückgesandten Antworten den Normaltarif zzgl. 6 Cent, also zurzeit 61 Cent für den Antwortbrief und 51 Cent für die Antwortkarte. Prüfen sie auch, ob der Umschlag groß genug für das Antwortformular ist!

Geben Sie auch Ihre Internetadresse und Ihre E-Mail-Verbindung an. Immer mehr Menschen nutzen das Internet, um sich zu informieren und Kontakt aufzunehmen – vorteilhaft für Sie, denn auch das spart Porto. Ebenso zu überlegen ist, ob Sie eine Codierung anbringen wollen, um den Rücklauf exakt verfolgen zu können. Das bietet sich insbesondere an, wenn Sie mehrere Mailing-Aktionen, Varianten oder andere Akquisemaßnahmen parallel betreiben.

Auf den folgenden Seiten finden Sie ein zweiseitiges Antwortfax, das mehr Fragen aufwirft, als es Antworten liefert:

Bitte ausfüllen und gleich an den Verlag zurücksenden!

Fax: 040 77777 – 222-333

Betreuende Werbeagentur **Kunde**

E-Mail: ______________________ *wichtig!!* Firma ______________________

Tel./Fax: ______________________________________ *(Durchwahl)*

Wir wollen ein Probeheft!

- ☐ Bitte rufen Sie mich an unter: ____________________
- ☐ Bitte senden Sie mir die Media-Daten in Englisch per Post/E-Mail/Fax
- ☐ Bitte senden Sie mir ein Probe-Exemplar von UBA PROFESSIONELL 2001
- ☐ Bitte senden Sie mir ein Probe-Exemplar von UBA HEUTE 2001
- ☐ PLEASE SEND US ENGLISH INFORMATION

☒ **AUSSTELLER-ÜBERSICHT (kostenlos)**

Wir veröffentlichen kostenlos in unserer Aussteller-Übersicht den Firmennamen Ihres Kunden mit Standort auf der UBA (Halle und Stand)! So wird Ihr Kunde schnell von den Besuchern gefunden!

Ganz einfach im Internet: www.ausstellerstand.com Login: Passwort: siehe Seite 1

Bitte machen Sie uns ein Angebot für:

☐ **UBA PROFESSIONELL –** die offizielle Händler Zeitung Auflage 444.000 Expl.

☐ **UBA HEUTE** – die tägliche, offizielle Messezeitung – Ges.aufl.: 888.000 Expl.

☐ 1/1 Seite ☐ 1/2 Seite ☐ 1/3 Seite ☐ 1/9 Seite ☐ 1/1 Seite ☐ 1/2 S. Anzeige

☐ Titelkopf-Anzeige ☐ Titelfuß-Anzeige ☐ Umschlag-Seite

☐ Gewinnspiel mit Anriss auf dem Titel

☐ Logo Hallenplan ☐ Promotion Werbung: z. B. Logo auf den Verteiler-Outfits

www.ubamesseveröffentlichungen.com

Letzter Einsendetermin 01.07.2001 An Fax-Nr (0)40 /77777-222-333

Aussteller

Bitte Rechnungsanschrift angeben:

Firma_______________________ Ansprechpartner____________________

PLZ/Ort _______________________ Land/Telefon/Fax__________________

Ihr Ansprechpartner: **Ortrud Ollmann** **Tel. ++ 4940-7777-222-441 (Rückfragen)**

Halle/Stock/Stand-Nr. ID.Nr. Buchungs-Nr.

____

•**UBA PROFESSIONELL** – die Fachausgabe 4 Wochen vor der Messe

•Logo im Hallen-Plan

•**UBA HEUTE** – die tägliche, offizielle Messezeitung

•Logo im Hallen-Plan

Bestellung **Preis (Euro)**

Wichtige Bestellhinweise:

Als Druckvorlage wird Ihr Logo als tiff oder Eps Datei benötigt. Das Logo sollte ca. 4cm breit sein. Auflösung mindestens 300 dpi. Sie können die Druckvorlage s/w oder 4c anliefern.

1. Veröffentlichung Ihres Firmen-Logos in der offiziellen Messe. Zeitung FA PROFESSIONAL und HEUTE zur UBA -

BUCHUNG

1.1 ☐ *Das Logo ist korrekt*
Unser Logo soll im Hallen-Plan der FA PROFESSIONAL Messe-Zeitung zur internationalen Funkausstellung 2003 (I Ausgabe) erscheinen!

1.2 ☐ Das *Logo ist korrekt*
Unser Logo soll im Hallen-Plan der UBA HEUTE Messe-Zeitung 2001 in allen 7 Ausgaben erscheinen.

1.3 ☐ *Das Logo ist korrekt (KOMBI)*
Unser Logo soll im Hallen-Plan der UBA PROFESSIONAL und der UBA HEUTE 2001 erscheinen.

Diese Druckvorlagen sind direkt an die email-Adresse: ortrud.ollmann@gmbh.de. de zu senden
Als Einsendeschluss gilt der 01.07.2001

Veröffentlichung Ihres Firmen-Logos in der offiziellen Messe- Zeitung FA PROFESSIONAL und HEUTE zur UBA 2001.

Korrektur
(BITTE BEACHTEN SIE die HINWEISE, wie Ihr Logo angeliefert werden muss)

☐ *Das Logo ist NICHT korrekt* 111,-- EURO
Es kommt neu ocr email
Unser Logo soll im Hallen-Plan der UBA PROFESSIONAL Messe-Zeitung zur internationalen Funkausstellung 2003 (I Ausgabe) erscheinen!

☐ *Das Logo ist NICHT korrekt* 222,-- EURO
Es kommt neu per email
Unser Logo soll im Hallen-Plan der UBA HEUTE Messe-Zeitung 2001 in allen 5 Ausgaben erscheinen.

☐ *Das Logo ist NICHT korrekt (KOMBI)* 333,-- EURO
Es kommt neu per email
Unser Logo soll im Hallen-Plan der UBA PROFESSIONAL und der UBA HEUTE 2001 erscheinen.

1.4 ☐ *Wir wollen nicht, dass unser Logo in den UBA Messe-Zeitungen erscheint.*

IST IHR LOGO SO KORREKT? BITTE ZURUCKFAXEN AN (0)40 77777-222-333. Danke.

Ihr Kunde

Bitte geben Sie nochmals Halle und Stand an!

Wir stellen aus in HALLE: _______________STAND: _______________

Ort, Datum, rechtsverbindliche Unterschrift/Firmenstempel

Es muss eine Sache von Sekunden sein: erkennen, ausfüllen, absenden. Fertig! Alles andere mutet man sich nur zu, wenn es um Dinge geht, die man wirklich unbedingt braucht. Bieten Sie daher vorformulierte Antwortmöglichkeiten zum Ankreuzen an. Bedenken Sie dabei unbedingt alle Varianten! Wenn der Kunde zwar antworten will, aber seine individuelle Antwort nicht zur Auswahl steht, wird er Abstand nehmen. Bieten Sie daher für Sonderfälle und -wünsche auch eine Zeile für eigene Einträge an und lassen Sie dort genügend Platz!

Gestalten Sie das Antwortformular einfach:

- Wo fülle ich aus? Hier ankreuzen.
- Welches Produkt wähle ich aus? A oder B! – Nicht: A, B, C, D oder doch lieber E!
- Wofür ist die zweite Unterschrift? – Reicht nicht eine?
- Wohin soll ich das jetzt schicken? – Einfach ins Faxgerät, Nummer während der Eingabe gut lesbar positionieren!
- Für Faxantworten einfache Schwarz-Weiß-Gestaltung für schnelle Datenübertragung wählen.
- Welche Möglichkeiten habe ich zu bezahlen? – Ankreuzen!
- Lassen Sie Ihren Kunden nicht im Unklaren über Nebenkosten für Porto, Verpackung, Versand.
- Kann ich das Produkt individuell zusammenstellen? – Nach der Produktwahl individuelle Gestaltungswünsche anbieten: Anzug in blau, grau oder schwarz!
- Passt das Angebot zu meinem Bedarf? – Kundenberatung anbieten!
- Garantien des Anschreibens auf dem Antwortformular wiederholen!
- Geben Sie Entwarnung: Vertreterbesuch nur auf Wunsch!
- Personalisierung auch des Response-Elements: eigene Anschrift auf Antwortkarte oder Rückumschlag.

MUSTER: AUFTRAGSFORMULAR

Auftrag

Ja, wir wollen von den Vorteilen der Internetpräsentation profitieren und erteilen den Auftrag zur Veröffentlichung unter www.branchenverzeichnis.net.

Der Preis hierfür beträgt jährlich XXX Euro zzgl. gesetzliche MwSt.

Kunden-Nummer ______________________________
Firma ______________________________
Branche ______________________________
Straße, Nr. ______________________________
PLZ, Ort ______________________________
Telefon ______________________________
Fax ______________________________
E-Mail ______________________________
Homepage ______________________________

Die Präsentation beinhaltet ohne Mehrkosten Ihr farbiges Logo!
Wir möchten unter folgenden Suchbegriffen gefunden werden:
1. Suchbegriff ______________________________
2. Suchbegriff ______________________________
3. Suchbegriff ______________________________

__________________ __________________
Ort/Datum Unterschrift

Zurück an den Verlag unter Fax: 01234-56789

CD-ROM

MUSTER: RESPONSE ÜBER COUPON

MUSTER

Sehr geehrte Feinschmecker in Hummelburg,

Sie möchten Ihren Geschäftspartnern zu **Weihnachten** etwas Gutes tun?

Wie wäre es diesmal mit einem Spezialitäten-Korb randvoll mit den Genüssen dieser Welt:

Skellig-Lachs aus **IRL**, Cheddar aus **GB**, Foie Gras aus **F**, Trüffel-Öl aus **I**, Puszta-Wurst aus **H**, Sauvignon Blanc aus **NZ ...** und viele weitere **Spezialitäten aus aller Welt**. Wir beraten Sie gerne und übernehmen auf Wunsch auch Verpackung und Versand.

Übrigens: Unsere feine Küche hält **täglich drei köstliche Gerichte zur Auswahl** für Sie bereit – auch mit telefonischer Vorbestellung und zum Mitnehmen. Ob kleine Zwischenmahlzeit oder Mittagstisch: **Spezialitäten für jede Gelegenheit**.

Für die kleinen und großen, geschäftlichen und privaten Anlässe im Leben bieten wir Ihnen unseren **Partyservice**. Lassen Sie sich traumhafte Platten zusammenstellen!

Bringen Sie doch einfach den **Gutschein** mit zum Kennenlernen. Das Weitere besprechen wir dann bei Lachs und Champagner.

Ihr Delikatessen-Schröder

Gutschein

für Lachs und Champagner zum Kennenlernen

(Coupon bitte einfach beim nächsten Besuch mitbringen)

MUSTER: DREI ANTWORTEN ZUR AUSWAHL

FAX-ANTWORT

☐ **Gebongt.** Wir bestellen hiermit .... Exemplare der Präsentationsfaltwand in folgenden Größen .... zum Aktionspreis von XXX,– Euro.

☐ **Ja, wir wollen!** Doch vor der Bestellung bitten wir um eine Vorführung mit ausführlicher Beratung.
Kontaktieren Sie zur Vereinbarung eines Termins Frau Weinbach unter der Rufnummer ....

☐ **Zu schade.** Wir können dieses tolle Angebot gerade nicht nutzen, da wir schon über ein nahezu perfektes Präsentations-Equipment verfügen. Informieren Sie uns aber bitte weiterhin über neue Präsentationssysteme.

Antwort bitte per Fax an 01234-56789.

Bei der Verwendung von Coupons geben Sie einen Handlungsanreiz, nämlich ausschneiden und einsetzen, um den versprochenen Vorteil einzulösen. Bedenken Sie dabei jedoch, dass dies auch ein Hindernis sein kann. Hier bietet sich alternativ die formlose Einladung an, bei der der Kunde auch ohne Coupon sein „Begrüßungsgeschenk" erhält.

ANREIZE ZUM AUSFÜLLEN SCHAFFEN

Ein kleiner Trick hilft bei der Motivation zum Ausfüllen des Antwortelements: beschriften Sie ein Ankreuzfeld mit: „Ja, ich möchte einen der 33 Goldbarren gewinnen!", dann ist dies ein schöner Anreiz fürs erste Kreuz – und ist der Stift schon mal zur Hand, dann werden die anderen Felder gleich mit ausgefüllt!

Ein weiterer Tipp ist die Bestätigung der persönlichen Daten: „Ja, mein Name und die Adresse stimmen so!" Na dann: ein Kreuz hier und dann weiter zu den anderen!

HÖHERER RÜCKLAUF BEI EINLADUNGEN ACHTUNG

Sprechen Sie eine Einladung aus, sollten Sie die Antworten – positiv formuliert – vorgeben.

Das folgende Beispiel zeigt ein Mailing mit zielgruppenspezifischen Response-Elementen. Ein großes Luftfracht-Unternehmen möchte Kunden, Interessenten und Presse mit Mailings zur Fachmesse einladen. Im Briefing werden folgende Vorgaben gemacht:

- Der Stil soll im Booking-Jargon gehalten sein und Lesefreude vermitteln.
- Die Grundaussage des Mailings ist: Wir sind auf der Messe, besuchen Sie uns! Nutzen Sie die Faxantwort für eine Terminvereinbarung.
- Nebenbei wird die neue Corporate Identidy eingeführt: Neue Inhalte und Qualität sollen spürbar sein. Auch werden Informationen zu neuen Services angekündigt.
- Das Response-Element ist im Design der Stückgutanhänger/Frachtzettel gestaltet.

CD-ROM **MUSTER: MESSEEINLADUNG AN STAMMKUNDEN** MUSTER

Ihre persönliche Einladung zu Cargo Experts

Sehr geehrte Frau Dornier,

als kleines Dankeschön erhalten Sie heute zwei Vouchers für Ihren Besuch der transport logistic 2000. Gerne würden wir dort mit Ihnen persönlich – abseits des Tagesgeschäfts – über Neuigkeiten der Branche sprechen.

Treffen Sie unsere Fach- und Führungskräfte und lassen Sie sich über die neuen Express-Services und über die Hintergründe unseres weiterentwickelten Unternehmensbildes informieren – selbstverständlich mit einer kleinen Erfrischung.

Wir freuen uns auf Ihren Besuch! Wann dürfen wir Sie vormerken?

Mit freundlichen Grüßen

Horst Welteke
Customer Support

Response-Fax

☐ Ich werde Sie am Stand 334/A2 in Halle 8 besuchen, voraussichtlich am ___ Mai gegen _______ Uhr.

☐ Leider kann ich den Messetermin nicht wahrnehmen.

Nehmen Sie deshalb bitte Kontakt mit mir auf:
☐ per E-Mail
☐ telefonisch
☐ per Fax

☐ Ich möchte Infomaterial über die neuen Express-Leistungen.

Spedition Hammerfest
Sigrun Dornier
Kapellenweg 11
11222 Neuenburg
Tel. 01122-98 98 98
Fax 01122-98 98 95
s.dornier@sped-hammerfest.com

Gibt es Änderungen in Ihrer Anschrift oder Tel./Fax/Mail?
Fax-Antwort an 040 – 55 66 77 88 99

CD-ROM

MUSTER: EINLADUNG AN KOOPERIERENDE UNTERNEHMEN

MUSTER

Zuverlässig schnell – weltweite Services von Cargo Experts

Sehr geehrter Herr Drieseling,

wir möchten Sie einladen zu einem persönlichen Kennenlernen auf der transport logistic. Dort erfahren Sie auch mehr über unsere weltweiten Express-Services und die Vorteile des elektronischen Buchungssystems. Und Sie können prüfen, ob wir nicht auch für Ihre ganz speziellen Transportaufgaben den passenden Service anbieten. Wenn Sie uns bis zum 10. April mit dem Response-Fax Ihren Besuchstermin nennen, lassen wir Ihnen für diesen Tag gerne zwei Vouchers zukommen. Wir freuen uns auf Ihren Besuch!

Mit freundlichen Grüßen

Horst Welteke
Customer Support

Response-Fax

☐ Ich werde Sie am Stand 3/12 in Halle A besuchen, Datum: ____ Zeit: __ Uhr.

☐ Leider kann ich den Messetermin nicht wahrnehmen.

Nehmen Sie deshalb bitte Kontakt mit mir auf:
☐ per E-Mail
☐ telefonisch
☐ per Fax

☐ Ich möchte Infomaterial über die neuen Express-Leistungen.

☐ Ich interessiere mich für das neue Buchungssystem.

Firma ____________________

Name ____________________

Fax-Antwort an 040 – 55 66 77 88 44

MUSTER: EINLADUNG AN PRESSEVERTRETER

Presse-Talk mit dem Vorstand

Sehr geehrtes Redaktionsteam,

unsere Fach- und Führungskräfte laden Sie anlässlich der transport logistic ein, sich bei Cargo Experts über die neuesten Entwicklungen auf dem internationalen Lufttransportmarkt zu informieren. Im Pressegespräch steht Ihnen der Vorstand persönlich Rede und Antwort.

Die zentralen Themen sind unsere neuen Express-Services, das kundenfreundliche Angebot der elektronischen Buchung sowie Idee und Perspektive unseres weiterentwickelten Unternehmensbildes.

Wir freuen uns auf Ihren Besuch!

Mit freundlichen Grüßen

Egon Frühauf
Public Relations

Response-Fax

☐ Ich werde Sie am Stand 34/812 in Halle 6 besuchen.

Mein gewünschter Termin ist:
☐ 15.5., 10 Uhr
☐ 16.5. , 13 Uhr

☐ Leider kann ich den Pressetermin nicht wahrnehmen.

☐ Ich hätte gerne Ihre Pressemappe zu den oben angesprochenen Themen.

____________________	____________________	____________________
Zeitung/Magazin/Sender	Name/Position	Telefon/E-Mail

Fax-Antwort an 040 – 55 66 77 88 22

Bei Privatpersonen ist grundsätzlich auch eine postalische Antwortmöglichkeit vorzusehen, denn nicht jeder hat zu Hause ein Faxgerät. Das bedeutet bei einem Brief, auch einen adressierten Rückumschlag beizulegen. Günstiger und leichter zu handhaben ist die Antwortkarte, besonders wenn diese lose beiliegt. Der Brief bietet dagegen mehr Platz für weitere Bestellmöglichkeiten und Produktdarstellungen. Denken Sie immer daran, Ihre eigene Adresse (passend für Fensterkuverts) einzudrucken. Berücksichtigen Sie auch die Diskretion, besonders in den Bereichen Finanzen, Gewinnspiel, Gesundheit und Erotik.

Verwirren Sie Ihre Leser nicht damit, dass auf der Antwortkarte plötzlich völlig neue Informationen auftauchen. Wiederholen Sie die wesentlichen Bedingungen und den Preis sowie Garantien. Als Antwortkarte eignet sich sehr gut die Verlängerung der DIN-A6-Karte zum DIN-lang-Format. Weisen Sie diese Verlängerung als Garantiecoupon oder als Quittung aus, so gibt das dem Antwortenden die Sicherheit, nach Versenden der Antwort etwas „in der Hand" zu behalten.

Überlegen Sie auch, ob Sie die Adresse des Absenders bereits vorgeben wollen oder ob Sie ihn selbst ausfüllen lassen. Diese Frage berührt einerseits den Personalisierungsaufwand beim Druck, zweitens den Zeitbedarf des Kunden fürs Ausfüllen, und drittens die Korrekturmöglichkeit durch den Absender. Eine Variante: Sie drucken die Firmenadresse ein und lassen den Ansprechpartner seinen Namen nachtragen. So wissen Sie gleich, wer Ihr Ansprechpartner beim Kunden ist.

Stellt sich noch die Frage der Frankierung. Welche der folgenden Varianten, die ins Feld für die Briefmarke gedruckt werden können, halten Sie für die ansprechendste?

- Mit 0,55 Euro freimachen!
- Bitte mit 45 Cent freimachen!
- Bitte freimachen!
- Bitte ausreichend frankieren!
- 55 Cent, die sich lohnen!
- 45 Cent für Ihren Erfolg!
- „ – (nichts) – "
- Porto zahlt Empfänger!
- Das Porto zahlen wir!
- Nicht freimachen!!

Machen Sie das Antworten für Ihre Kunden und Interessenten attraktiv – lassen Sie sie nicht auf den Portokosten sitzen.

Für die Faxantwort gilt entsprechend: Machen Sie das Antworten für den Interessenten nicht unnötig teuer. Fotos und dunkle Flächen verlängern die Übertragungszeit und verursachen damit höhere Kosten.

ACHTUNG

EMPFEHLUNGEN

- Lassen Sie das Briefmarkenfeld einfach unbeschriftet frei und überlassen Sie es dem Absender – er wird das Porto übernehmen.
- Geben Sie unmissverständlich bekannt: „Sie sind uns wichtig – das Porto übernehmen wir!"
- Oder gehen Sie noch einen Schritt weiter und legen einen bereits frankierten Umschlag bei. Sicherlich der kostspieligste Weg, aber von hohem Überzeugungswert. Schließlich signalisieren Sie, dass Ihr Kunde Ihnen diese Investition wert und seine Antwort Ihnen wichtig ist. Der Rücklauf wird entsprechend höher ausfallen. Eine Einladung lehnt man schließlich nicht so leicht ab. Umgekehrt riskieren Sie dabei Briefmarkenklau oder unqualifizierte Bestellungen von Info-Material. Dieser Weg ist folglich sehr stark in Abhängigkeit von der Zusammensetzung Ihrer Zielgruppe und vom konkreten Angebot zu sehen.

Response-Verstärker – für mehr Rücklauf

Der Begriff Response-Verstärker hat für Sie als Verfasser perfekter Werbebriefe keine Bedeutung, denn was bereits optimal gestaltet ist, kann nicht verstärkt werden. Alle Elemente Ihres Werbebriefs sind Response-Verstärker, wenn sie gut entworfen sind. In der Fachliteratur werden unter diesem Begriff Maßnahmen zusammengefasst, die den Rücklauf erhöhen sollen, indem sie das eigentliche Angebot mit einem zusätzlichen Anreiz versehen. Dazu gehört die Verwendung einer Headline, eines PS und des Empfängernamens – durchaus auch wiederholt im Text und auf dem Antwort-Element. Eine optimale Gestaltung des – frankierten – Response-Elements mit (wenigen!) vorformulierten Antworten und Freivermerk ist eine zusätzliche Erleichterung für den Empfänger zu reagieren. Weitere Elemente, um die Reaktionsschwelle zu senken, sind: Mehrwertversprechen, Rabatte, Gewinnspiele, Garantiezusagen, Reizwörter (Neu! Exklusiv! Gratis! Vorteil! Rendite! etc.) und Bilder mit Darstellung des Kundennutzens.

ERFOLGREICHE REIZWÖRTER ACHTUNG

Alles, was Glück und Erfüllung der Kundenwünsche verspricht, weckt Interesse für Ihren Werbebrief. Zentrale Begriffe sind hier: Zukunft, Gewinn, Sicherheit, Gesundheit, Liebe, Schönheit, Genuss, Anerkennung. Verwenden Sie entsprechende Begriffe aus diesen Themengebieten, die den Bezug zu Ihrem Produkt herstellen, an zentraler Stelle wie in der Headline und im PS.

Antwort per Telefon: Darauf sollten Sie achten

Spontan werden Sie vermutlich sagen, dass die Hauptsache ist, durch das Direct Mailing möglichst viele Kunden zu gewinnen. Egal über welche Kommunikationswege. Doch was passiert, wenn der Kunde tatsächlich mit Ihnen Kontakt aufnimmt? Wie wollen Sie ihn fachlich und organisatorisch betreuen? Allein werden Sie das kaum schaffen.

Schriftliche Antworten haben Vorteile: Sie können leicht gesammelt und gebündelt ausgewertet werden. Dagegen ist der telefonische Rücklauf mit erhöhtem organisatorischen und fachlichen Aufwand verbunden: Je nach Umfang der Mailing-Aktion und des zu erwartenden Rücklaufs müssen Sie ein Callcenter einrichten oder extern beauftragen. Mitarbeiter müssen evtl. im Telefonmarketing geschult, Gesprächsformulare zur Protokollierung der Kundenreaktionen vorbereitet, die Auswertung und die prompte Bearbeitung organisiert werden.

Ein großer Vorteil bei telefonischem Kundenkontakt ist der, dass Ihre Mitarbeiter ganz individuell auf den jeweiligen Kunden eingehen und auch Bedürfnisse feststellen können, die durch ein Antwortformular nicht berücksichtigt wurden.

Der Nachteil: Die Auftragsabwicklung ist komplizierter und um einiges zeitaufwendiger. Wenn Sie auf einem Antwortformular zwei Modelle zum Ankreuzen anbieten, ist die Bearbeitung vergleichsweise einfach. Wenn aber im Telefonat sämtliche Sonderwünsche, Extras und Varianten aufgenommen werden, erfordert das meist eine gründliche Vorbereitung und solide Fachkenntnisse der beteiligten Mitarbeiter.

Die Frage ist, wie deutlich Sie auf die telefonische Antwortmöglichkeit verweisen wollen. In Ihren Absenderdaten stehen ohnehin Ihre Telefon- und Faxnummer und meist auch eine E-Mail-Adresse. Das heißt, jeder kann mit Ihnen telefonisch Kontakt aufnehmen. Falls Sie ein Antwortblatt beifügen, fokussieren Sie auch in Ihren Formulierungen auf die schriftliche Antwort und verzichten Sie auf den Zusatz „oder rufen Sie uns an unter ...“. Das mag banal klingen, aber es ist ganz wichtig, vor der Versendung – und vor dem Druck! – klare Vorstellungen darüber zu entwickeln, wie der Rücklauf kanalisiert werden soll.

Bedenken Sie, ob genügend und ausreichend qualifizierte Telefonkräfte zur Verfügung stehen, um den – vermutlich direkt nach der Versendung verstärkten – Anruferstrom zu bewältigen. In den ersten zwei Tagen können bereits über 80 Prozent aller Anfragen auf Sie zukommen. Außerdem stellt sich die Frage der Auswertung. Liegen Ihnen nur schriftliche Antworten vor, können Sie diese leicht auswerten. Kommen jedoch unterschiedliche, handschriftliche Telefonnotizen hinzu, fällt die Übersicht schwerer. Ein Vordruck für das Dokumentieren der Telefonanfragen ist hier sehr hilfreich.

Fragen Sie sich auch, ob Ihre Zielgruppe gerne telefoniert. Nicht jeder spricht gerne mit jemandem, den er nicht sieht. Überdies scheuen viele Kunden neben den Kosten des Anrufs, von geschulten Verkäufern irgendetwas aufgeschwatzt zu bekommen.

Favorisieren Sie die Antwortmöglichkeit per Telefon, dann bieten Sie eine kostenlose oder zumindest kostengünstige Service-Nummer an und weisen Sie in Ihrem Mailing deutlich darauf hin. Sorgen Sie für eine ausreichende Anzahl freier Telefonleitungen, fachlich und kommunikativ gut geschultes Personal und bereiten Sie ein Formular zur Aufnahme der Bestellung beziehungsweise Dokumentation der Anfrage vor, um den Kundenbetreuern eine prompte Bearbeitung der Anfragen zu ermöglichen. In Warteschleifen sterben Ihre Umsätze!

Geben Sie immer die Durchwahl des Kundenbetreuers möglichst mit Namen an. Der Anrufer möchte gerne schon vor seinem Anruf wissen, wer am anderen Ende der Telefonleitung für ihn zuständig ist. Verwenden Sie nicht die Nummer der Zentrale! Eine einmalige Weitervermittlung kann intern eventuell erforderlich sein und wird in der Regel auch verziehen. Zweimal weitervermittelt zu werden ist jedoch schon nicht mehr amüsant und wer dreimal in einem Haus verbunden wird, legt vielleicht frustriert auf. Schaffen Sie also direkte Verbindungen und klären Sie eindeutig die hausinternen Zuständigkeiten.

Sie sehen, es erfordert einige Planung und finanziellen Einsatz, um potenzielle Kunden nicht auf den letzten Metern zu verlieren. Wahrscheinlich werden jetzt viele den telefonischen Response-Weg nicht mehr so selbstverständlich sehen.

DAS SOLLTEN SIE BEIM TELEFONMARKETING BEACHTEN ACHTUNG

Lassen Sie nur geschulte Fachleute Telefonmarketing betreiben. Diese müssen zudem ausführlich auf die Besonderheiten Ihrer Produkte und Ihres Angebots hin informiert werden. Halten Sie ausreichend viele Leitungen und Ansprechpartner bereit. Sorgen Sie für günstige Telefontarife. Bereiten Sie unbedingt auch ein Formular vor, um Einzelheiten des Gesprächs festzuhalten und anschließend alle Ergebnisse einheitlich auswerten zu können.

CD-ROM **MUSTER: GESPRÄCHSPROTOKOLLE** MUSTER

Gesprächsprotokoll Inbound

entgegengenommen von: .... (Name Tele-Agent)
Anruf: Datum:............/Uhrzeit:..............
Firma: ....
Reaktion auf: Brief/E-Mail/Anruf am: ....

Ansprechpartner: Herr/Frau: .... Tel: ....
Position/zuständig für: ....
Entscheidungsträger: ....
im Haus/Zentrale in: ....
Interesse an: ....
Weiteres Vorgehen: ....
☐ Bestellung: .... Stück, Artikel: ....
Ausführung: ....
Farbe: ...., Größe: ....
☐ Termin mit dem Chef/Außendienst am: ....
☐ Broschüre, Infomaterial: ....
Sonstiges: ....

Gesprächsprotokoll Outbound

1. Versuch: Datum: ..../Uhrzeit: ....
2. Versuch: Datum: ..../Uhrzeit: ....
3. Versuch: Datum: ..../Uhrzeit: ....
Firma: ....
Bereits schriftlich kontaktiert: per Brief/E-Mail am: ....
Ansprechpartner Herr/Frau: .... Tel: ....
Position/zuständig für: ....
Entscheidungsträger:................................
im Haus/Zentrale in:................................
Festgestellter Bedarf:................................
Interesse an:..
Vereinbart:...
☐ E-Mail an:.......................................
☐ Flyer an:...
☐ Nochmals anrufen am:.........................
☐ Termin mit dem Chef vorgeschlagen am: KW..........
☐ Nur bei konkretem Bedarf und großem Interesse: Katalog
Sonstiges:..

Eine gute Gestaltung hilft verkaufen

Dieses Buch fokussiert auf die schriftliche Kundenkommunikation, für das grafische Fach gibt es eigene Spezialisten. Dennoch sollen an dieser Stelle die wichtigsten Grundlagen für eine gute Gestaltung vorgestellt werden. Sie wissen ja: das Auge isst mit ...

Besprochen werden u. a.

- Typografie,
- textliche Gestaltungsmittel,
- Satzspiegel,
- Logos,
- Bildmotive,
- Umschlaggestaltung und
- Frankierung.

Layout und sprachlicher Stil ersetzen beim Mailing den Firmenrepräsentanten im persönlichen Kontakt. Anhand des optischen Eindrucks und des sprachlichen Stils bekommt der Empfänger ein Bild vom Absender.

ACHTUNG **ALLES GEHÖRT ZUSAMMEN**

Vermitteln Sie optisch und sprachlich einen schlüssigen Eindruck.

Das Seitenlayout umfasst den Seitenaufbau, die verwendeten Elemente, Farbgebung, Typografie und den Satzspiegel. Betrachten wir also, welchen Einfluss diese Faktoren auf die Wirkung unseres Briefes haben.

Typografie: Lesbarkeit zählt!

Wenn Ihre Corporate-Design-Richtlinien Vorgaben zum Gebrauch bestimmter Schrifttypen für bestimmte Einsatzzwecke enthalten, so sind diese grundsätzlich vorrangig zu berücksichtigen. Gibt es keine Vorschriften, so können Sie unter zahlreichen mehr oder weniger gut lesbaren Schriften wählen. Für Mailings eignen sich sowohl serifenlose (z. B. Arial, Verdana) als auch Serifenschriften (z. B. Times, Courier). Serifen sind die Buchstabenfüße, die den Lesefluss entlang der Grundlinie begleiten. Arial und Helvetica gelten als die neuen Klassiker der PC-basierten Texte. Times ist die typische Zeitungsschrift, Courier kennen wir von der Schreibmaschine. Eine Besonderheit sind Schreibschriften. Diese müssen gut lesbar sein und daher relativ groß gewählt werden. Das zwingt Sie zu einem kurzen Text. Auch ist es möglich, Ihre eigene Schreibschrift in der Optik blauer Tinte zu drucken. Eine sehr persönliche Lösung.

Serifenschriften („Antiqua") erscheinen kleiner als die serifenlosen („Grotesk"). Ein komfortables Lesegefühl stellt sich, abhängig von Zeilenbreite und -abstand, bei einer Schriftgröße zwischen 11 und 12 pt (Punkt) ein. Das absolute Minimum für Brieftexte liegt bei 9,5 pt (3,6 mm), darunter sollten Sie nicht gehen. Die Spaltenbreite sollte bei einer 12-Punkt-Schrift nicht mehr als 178 mm betragen, bei 11 pt – 142 mm und bei 10 pt entsprechend 125 mm. Der rechte Rand sollte nicht zu knapp bemessen sein, 25 mm gelten als ausreichend. Speichern Sie Ihr Mailing mit verschiedenen Schriftgrößen ab und drucken Sie Muster aus. Die Wirkung des Briefes wird jeweils sehr differieren!

Arial 10 pt	Times 10 pt
Arial 11 pt	Times 11 pt
Arial 12 pt	Times 12 pt
Arial 13 pt	Times 13 pt
Arial 14 pt	Times 14 pt

Die verwendete Schrift muss zum Logo und zur Schrifttype im Geschäftsbriefpapier passen. Sonderschriften können je nach Produkt und Zielgruppe eingesetzt werden, sollten aber die Ausnahme bleiben. So ist es denkbar, die Comic-Sammler mit einer typischen Sprechblasenschrift auf die Tauschbörse aufmerksam zu machen: **BOINKKK!** Es gibt unzählige Schriften, mit den wenigen Klassikern sind Sie jedoch in den allermeisten Fällen bestens beraten.

Verwenden Sie nie mehr als zwei Schriftarten. Das Ergebnis wirkt unprofessionell und erschwert den Lesefluss. Auch sollten nicht mehr als drei Schriftschnitte (light, regular, bold) verwendet werden.

Wenn Sie die Schlagzeile etwas reißerisch gestalten wollen, eignet sich der Einsatz einer fett und groß gesetzten serifenlosen Schrift wie in Boulevardblättern. Oder Sie verwenden einen handschriftlichen Eintrag, ebenfalls größer als die Druckschrift und eventuell in Signalfarbe.

Zeilenabstand: Normal ist einzeiliger Abstand, bei kurzen Texten kann die Seite durch 1,5-zeiligen Abstand besser gefüllt werden.

Handschriftliches: Persönliche Mitteilungen, „spontane" Anmerkungen, Randnotizen. Eine handschriftliche Schlagzeile über der Anrede vermittelt den Eindruck, der Verfasser habe das Schreiben persönlich mit einer wichtigen Aussage überschrieben. Bei mehreren handschriftlichen Elementen, wie Randbemerkungen, Hervorhebungen und Unterschrift, verwenden Sie möglichst nur einen Schriftstil und eine Farbe, damit das Layout nicht zu unruhig wird.

Post-it-Notes: Ein aufgeklebter Zettel mit einer persönlichen Mitteilung oder freundlichen Grüßen kann einen positiven Akzent setzen, seine Wirkung ist jedoch stark vom stilistischen Gesamtkonzept abhängig. Post-it-Notes haben „von Haus aus“ eine Erinnerungsfunktion und können natürlich auch zu diesem Zweck eingesetzt werden.

Textmarker: Sie lockern das Schriftbild auf und helfen, beim Überfliegen die wesentlichen Punkte leicht zu erkennen. Es besteht jedoch die Gefahr, dass der Leser nur das Markierte liest und die Lektüre dann beendet. Wie bei allen anderen Sonderformen im Schriftbild gilt auch hier: sparsam verwenden, um die Wirkung nicht aufzuheben!

Versalien: Mehr als drei bis fünf Wörter oder gar ganze Sätze in Großbuchstaben haben eine überdeutlich hervorhebende Wirkung und erschweren die Lesbarkeit. Empfehlenswerte Alternativen sind Fettstellung oder Einrückung.

G e s p e r r t gesetzter Text ist ebenso wie Versalien schlecht lesbar und sollte besser nicht verwendet werden.

Fett gesetzte Textteile sind heute die am häufigsten verwendete Form der Hervorhebung, quasi die Schwarz-Weiß-Variante des Textmarkers. Sollte aber nur sparsam eingesetzt werden.

Untersteichungen haben einen amtlichen, behördlichen Charakter. Man stellt sich dabei jemanden vor, der mit einem Lineal eine Linie unter den Text zieht. Irgendwie altmodisch.

Kursiver Text hebt sich ab, ist allerdings manchmal nur schlecht lesbar. Hier ist die Fettschrift vorzuziehen.

Linksbündiger Flattersatz ist in Briefen üblich, Blocksatz ist dagegen eher aus Büchern und Zeitungen bekannt. Ein Werbebrief mit Blocksatz wirkt wie ein PR-Artikel oder eine Pressemitteilung.

Gliederungspunkte/Spiegelstriche: Möglichst auf einer Seite nur ein Mal verwenden, sonst leidet die Übersichtlichkeit.

Einrückungen: Etwas nach rechts eingerückter Text sticht in der Seitenübersicht hervor. Werden längere Passagen eingerückt, so geht die Wirkung aber verloren – ebenso wie Raum durch die kürzeren Zeilen!

LESBARKEIT WICHTIGER ALS ABWECHSLUNG ACHTUNG

Sie selbst kennen den Inhalt Ihres Schreibens bereits und neigen vielleicht dazu, es gestalterisch „aufzuwerten". Bedenken Sie jedoch, dass für den Leser alles neu ist. Machen Sie es ihm nicht unnötig schwer, sich auf den Inhalt zu konzentrieren. Hervorhebungen am besten mit Fettdruck, jedoch nur das Wichtigste: Schlagzeile, PS und Kundennutzen.

Wenn Sie grafische Elemente einsetzen wollen

Ihr Firmenlogo dient der Wiedererkennung Ihres Unternehmens und sollte auf jeden Fall abgebildet sein. Normalerweise ist es auf Ihrem Geschäftsbriefpapier bereits aufgedruckt. Wahlweise können Sie aber auch neutrales Papier verwenden, um im Seitenlayout flexibel zu sein. Achten Sie in diesem Fall auf eine gestalterische Anlehnung an Ihren üblichen Firmenauftritt (Corporate Design), damit Interessenten sich beim nächsten Kontakt gleich wieder an Sie erinnern.

Ein Foto ist ein starker Blickfang (Eyecatcher). Der Leser orientiert sich zuerst an den bildlichen Botschaften einer Seite, bevor er sich den geschriebenen Inhalten zuwendet. Wenn Sie ein Foto verwenden, sollte es daher eine zentrale Aussage vermitteln oder diese stützen. Bilden Sie nichts ab, was durch Text weit besser beschrieben werden kann. Zeigen Sie auch keine grüne Maschine, die aussieht wie alle anderen grünen Maschinen dieser Welt. Und zeigen Sie keine strahlende junge Frau, wenn es um große, grüne Maschinen geht.

Widerstehen Sie auch der Versuchung, möglichst viele Bilder Ihres Unternehmens auf der Seite abzubilden. Der Empfänger soll das Gebäude nicht kaufen, sondern wiedererkennen, wenn er davor steht. Daher verzichten Sie auf Luftaufnahmen. Eine schöne Frontansicht des Eingangsbereiches reicht vollkommen aus.

ACHTUNG

WAS SAGEN DIE BILDINHALTE?

Zeigen Sie den Eingangsbereich nur, wenn dieser auch einladend und attraktiv gestaltet ist. Ein gläsernes Loch in der Wand oder ein halbes Bild voller Waschbetonplatten spricht potenzielle Kunden nicht an.

Achten Sie auf eine gute Stimmung. Ein Gasthaus im Schnee mit erleuchteten Fenstern wirkt auf die allermeisten Menschen weit gemütlicher als eine große Betonfläche mit angrenzendem Gasthaus bei strahlendem Sonnenschein. Investieren Sie in einen Profifotografen – das Ergebnis wird Ihnen Recht geben. Er sorgt für das richtige Licht, die optimale Perspektive und den wirkungsvollen Bildaufbau. Das gilt besonders, wenn es um große, grüne Maschinen geht oder um Fachwerkgasthäuser zwischen Betonburgen. Bilder müssen professionell sein, genauso wie der Text.

Übrigens: ein Mailing zum Thema Hausbau funktioniert auch ohne das abgegriffene Foto von der Familie mit Hund auf dem Flokati. Lassen Sie sich ruhig etwas anderes einfallen!

Wenn Sie z. B. vom Angeln sprechen, können Sie Folgendes abbilden:

- ein Sortiment von Angeln im Regal
- einen Angler am Ufer
- den Angler im Wasser mit einem Fisch an der Angel
- den Angler, wie er den Fisch gerade herauszieht
- den Fisch im Eimer oder frisch zubereitet auf dem Teller
- die stille Oberfläche eines Waldsees
- Hochseeangeln mit Motorboot
- einem Bären auf Lachsfang

Merken Sie, wie durch die Motivwahl unterschiedliche Stimmungen und Assoziationen entstehen? Welches passt am besten zu Ihrer Botschaft, Ihrem Produkt und zum verwendeten Sprachstil? Weit interessanter als Ihre persönliche Perspektive „des Angelns“ ist dabei die Frage, mit welcher Stimmung Ihre Zielgruppe sich am stärksten angesprochen fühlt.

Illustrationen können Systemabläufe veranschaulichen, Funktionsweisen symbolisieren oder mit einer Karikatur den Anwendernutzen darstellen. Bedienen Sie sich dafür unbedingt professioneller Unterstützung, damit die verwendeten Illustrationen in Größe, Farbgebung und Stil zum übrigen Seitenlayout passen.

Auch mit Illustrationen sollten sie zurückhaltend und sparsam umgehen, besonders in Zusammenhang mit anderen grafischen Darstellungen. Wenn Sie mit ClipArts arbeiten wollen, achten Sie bitte darauf, dass Stimmung und Charakter der Abbildungen miteinander harmonieren und zum Sprachstil des Schreibens passen! Oft haben ClipArts einen etwas verspielten, privaten oder humoristischen Charakter. Das passt nicht in einen professionellen Werbebrief und kann Ihnen sämtliche sonstige Bemühungen um Glaubwürdigkeit zunichte machen.

Wenn Sie einen Sympathieträger oder ein Maskottchen haben, dann kann dieses natürlich auch auf Ihren Mailings abgebildet werden. Das kleine Teufelchen kann den Lesern zeigen, wie kinderleicht die Fernbedienung das Garagentor öffnet. Diese etwas verspielte Anmutung sollte allerdings gut zu Ihrer Werbebotschaft passen.

Aufkleber sind ein interaktives Element. Der Empfänger kann beispielsweise aufgefordert werden, seine persönliche Gewinnnummer vom Kuvert abzulösen und auf die Antwortkarte zu kleben. Durch die Aktion wird der Werbebrief „gehandhabt“, Berührungsscheu wird überwunden, die Auseinandersetzung mit dem Thema gefördert. Auch kann mit Aufklebern der Sammelspaß beim Leser geweckt werden.

Stempel verleihen Ihrem Schreiben einen offiziellen Touch. Was gestempelt wird ist wichtig, amtlich, geprüft, geeignet. Setzen Sie Stempel sparsam und gezielt ein. Mögliche gestempelte Botschaften sind Garantien, Zertifizierungen, Prüfbelege, Zulassungen, Eignungen. Aber auch symbolische Stempel implizieren eine Zuordnung: Ein Stempel der kommenden Bundesgartenschau hebt das Mailing einer Gärtnerei gleich in einen ganz anderen Rang, ein Globus-Stempel mit Hand deutet auf wohltätige Absichten hin etc. Welches Stempelmotiv passt zu Ihrer Botschaft?

BEISPIEL **STEMPELTEXTE**

- TÜV-geprüft
- 10 Jahre Garantie
- DIN ISO 9000 zertifiziert
- WindowsXP-kompatibel

Gütesiegel: Hierzu gehört der Blaue Umweltengel ebenso wie das „Gut“ von Stiftung Warentest und die „Kauf-Empfehlung“ des PC-Magazins. Auch Produkteigenschaften wie „Chlorfrei“ oder „Hautschonend“ lassen sich mit einem Siegel hervorheben.

Grundsätzlich gilt bei der Verwendung von grafischen Elementen: nicht zu viele unterschiedliche Elemente und kein turbolenter Stilmix! Der Leser soll sich orientieren können und einen schlüssigen Eindruck vermittelt bekommen.

Briefmarken

Wenn Sie Ihr Mailing als voll frankierten Brief versenden, können Sie auch durch die Wahl der Briefmarke einen kleinen Akzent setzen. Verwenden Sie Sondermarken für wohltätige Zwecke oder ansprechende, große Briefmarken, so grenzen Sie sich von der Masse der Briefe ab, die mit den kleinen, einfarbigen Serien frankiert sind. Eine weitere Möglichkeit sind Themenmarken, die Sie, falls verfügbar, passend zu Ihrer Branche auswählen können (Maschinenbau, Tierschutz, Komponisten etc.). Sicherlich nur ein kleiner Beitrag zur Kohärenz, aber damit eben auch ein kleiner Beitrag für einen höheren Rücklauf!

ACHTUNG **BRIEFMARKEN AUF VORRAT**

Damit Sie eine möglichst große Auswahl bzw. genau das richtige Motiv als Sondermarken verfügbar haben, lohnt es sich, sich einen Vorrat anzulegen. Schließlich ist Ihr Thema (z. B. Blumen, Autos,) nicht ständig auf Marken erhältlich.

Gestalterische Elemente können das Erscheinungsbild eines Werbebriefs abwechslungsreicher machen. Sind die Elemente jedoch nicht sensibel aufeinander abgestimmt, entsteht leicht der Eindruck von „billig“ und „Ramsch“. Achten Sie bei Verwendung von gestalterischen Elementen auf eine Stimmigkeit mit Ihrem Corporate Design, mit dem beworbenen Produkt, der Zielgruppe und dem Sprachstil. Orientierung für den Leser und Lesbarkeit dürfen nicht verloren gehen. Bei der grafischen Gestaltung von Mailings gilt das Gleiche wie beim Text: Weniger ist oft mehr.

Der Briefumschlag: Signale von außen

Das Erste, das der Empfänger von unserer Botschaft wahrnimmt, ist das Kuvert. Es ist das, was er zuerst in Händen hält. Warum also steht dieses Kapitel nicht am Anfang des Buches? Ganz einfach: Die Gestaltung des Kuverts sollte optimal auf den Inhalt des Schreibens abgestimmt sein, nicht umgekehrt. Daher befassen wir uns zuerst mit der Vermittlung unserer Werbebotschaft und überlegen dann, wie wir die Sache durch die Umschlaggestaltung noch unterstützen können.

Achten Sie auf die äußere Gestaltung Ihrer eingehenden Werbepost: manche Briefe haben schon von außen einen amtlichen, offiziellen Charakter, bei anderen vermutet man gleich eine kleine Firma hinter dem Anschreiben, bei anderen wiederum einen Konzern. Das Kuvert signalisiert: Dies ist eine Werbesendung, dies ein Inkassobrief, dies Behördenpost und das eine Rechnung.

Dem Kuvert kommt eine wichtige Aufgabe zu: Es soll neugierig auf den Inhalt machen und den Empfänger dazu bringen, den Inhalt zu lesen. Keine leichte Aufgabe, werfen doch einige Empfänger alles, was nach Werbepost aussieht, ungeöffnet in den Papierkorb.

In Abhängigkeit von Ihrer Zielgruppe gilt es also einen äußeren Eindruck anzustreben, der nicht in die Kategorie „Billigwerbung“ fällt. Haben Sie also ein gutes Argument für Ihre Empfänger, weshalb sie den Brief jetzt und hier und sofort öffnen sollten, dann schreiben Sie dies auf den Umschlag.

BEISPIEL Umschlagbeschriftungen

- Gratis-Coupon innenliegend!
- Eilige Gewinnmitteilung!
- Vorzugspaket!
- Wertvolle Gesundheitstipps

Weitere Bespiele finden Sie auf Ihrer CD-ROM.

Achten Sie darauf, dass die verwendeten Elemente und Aussagen stimmig sind. Ihr Schreiben verliert an Glaubwürdigkeit, wenn Sie von einem „Exklusiv-Angebot“ sprechen und das Kuvert als Massendrucksache frankieren!

Wenn Sie eine Beilage versenden, weisen Sie auf dem Kuvert darauf hin, oder besser noch: Zeigen Sie die Beilage durch ein Kuvertfenster. Oder versenden Sie etwas, das der Empfänger bereits durch das Kuvert hindurch fühlen kann. Achten Sie aber stets darauf, dass Ihre Beilage einen schlüssigen und/oder originellen Sinnzusammenhang mit Ihrem Anliegen besitzt. Dieser lässt sich auch textlich aufgreifen. Wollen Sie als Autoversicherer Policen verkaufen, dann könnte ein Christophorus-Aufkleber attraktiv sein, und im Text könnten Sie die Schutzfunktion der Police mit dem Schutzheiligen in Verbindung bringen.

BEISPIEL **BEILAGEN**

- Bedruckter Einkaufswagenchip
- Ein Tütchen mit Kressesamen
- Ein kleines Spiel
- VIP-Karte als „Mitgliedsausweis“
- Umrechnungstabelle
- Mini-CD

Als informative Beilage können Sie die Visitenkarte des Ansprechpartners und/oder einen Prospekt beilegen. Diesen Inhalt können Sie ebenfalls auf dem Kuvert ankündigen.

Für das Kuvert gilt übrigens das Gleiche wie für die Schlagzeile: Machen Sie neugierig, aber verraten Sie nicht schon alles! Und was macht neugieriger als eine unbeantwortete Frage?

FRAGEN AUF DEM KUVERT BEISPIEL

- Wie verdient man monatlich 87 Euro, ohne einen Finger zu rühren?
- Schon gewonnen? – Gleich reinschauen!
- Sind Sie ein Gewinner-Typ?

Ein weiteres Lockmittel ist der Hinweis auf ein innenliegendes Quiz. Die meisten Menschen lieben das spielerische Raten, besonders wenn attraktive Preise winken. Weniger attraktiv ist der Hinweis auf eine Meinungsumfrage, weil das eher in Richtung Aushorchen geht und einen indiskreten Touch hat. Das schmeichlerische „Ihre Meinung ist uns wichtig!“ werden Ihnen einige Leser nicht abnehmen. Auch nicht empfehlenswert ist ein „Test“, da der Empfänger davor zurückscheut, sich prüfen zu lassen, noch dazu von jemandem, den er nicht kennt. Vermeiden Sie auch auf dem Umschlag alles, das irgendwie als wertend, indiskret oder verpflichtend aufgefasst werden könnte.

Zu erwähnen sind noch besonders gestaltete Umschläge, die wie ein amtliches Schreiben aufgemacht sind, oder wie ein Scheck aussehen. Abhängig von Ihrem Image, dem Produkt und der Zielgruppe lässt sich damit große Aufmerksamkeit erregen. Aber vergessen Sie bei aller Kreativität nicht, dass es einzig darauf ankommt, dass der Empfänger den Umschlag öffnet. Oft lässt sich mit einem kleinen gestalterischen Element eine stärkere Wirkung erzielen als mit einem vierfarbigen Kuvert mit schrillen, lauten Aufrufen und Versprechen.

Begriffe wie „Dringend“, „Umgehend“, „Wichtig“ und „Sofort öffnen“ signalisieren schon von Weitem, dass es sich hier um einen Werbebrief handelt. Wenn Sie solche Formulierungen verwenden, dann nennen Sie in Ihrem Schreiben auch Gründe und Belege für die äußerste Wichtigkeit und Brisanz, etwa weil eine Förderfrist ausläuft o. Ä.

Ein Weg, wie Sie den Empfänger so gut wie sicher dazu bringen, das Kuvert zu öffnen, ist eine Beschriftung von Hand. Sicherlich ein großer Aufwand, aber bei kleineren Mailing-Aktionen durchaus eine Erfolg versprechende Alternative zum üblichen Druck. Das individuell in schöner Handschrift adressierte Kuvert signalisiert eine kleine, exklusive Aktion. Verwenden Sie in diesem Fall unbedingt eine Briefmarke; ein Frankiermaschinenaufdruck würde alle Mühe zunichte machen.

Die Beschriftung „Einladung“ signalisiert sie dem Empfänger, dass es hier etwas umsonst gibt. Die Neugier herauszufinden, um welche Art von Veranstaltung es sich handelt und welche Vergünstigungen damit verbunden sind, schaffen große Aufmerksamkeit. Enttäuschen Sie im Schreiben daher nicht die eingangs geweckten Erwartungen!

Eine andere Möglichkeit ist ein humorvoller Einstieg auf dem Umschlag, thematisch nahe und vielleicht sogar personalisiert. Sicherlich hat Humor eine entspannende, die Aufnahmebereitschaft fördernde Wirkung, zugleich empfinden Menschen bezüglich Humor doch recht unterschiedlich. Daher ist es schwierig, den Empfängern mit einem „gemeinsamen“ Scherz das eigene Anliegen näher zu bringen. Ausnahmen können kleine, klar umrissene Zielgruppen sein, z. B. Taucher, Sportflieger etc., die sich mit einem (guten!) Insiderwitz motivieren lassen, den Inhalt des Mailing auf sich wirken zu lassen.

Besonderheiten stellen Kuverts aus unüblichen Materialien dar, so etwa eine CD in einem Jewel-Case mit Adressaufkleber oder eine Einladung im Transparentkuvert. Sicher nicht jedermanns Sache ist ein „Wurstbrief“, bei dem Wurst in einer Klarsichthülle versandt wird, quasi als Brief zum Aufessen (www.wurstbrief.de). Innovativ ist auch die StrechCard (www.steindialog.de), die sich bis auf eine Länge von 95 cm ausziehen lässt – ideal für breite Motive. Duftbeschichtete Karten, Selfmailer und Kalender (www.straub-druck.de) eröffnen Ihrer Botschaft die geruchliche Dimension.

ACHTUNG **EMPFÄNGER ODER ENTSCHEIDER?**

Prüfen Sie, wer das Kuvert liest und wer den Inhalt.

Klären Sie, wer Ihr Schreiben öffnen wird. Wenn Sie Unternehmen anschreiben, in denen die Post zentral oder vom Sekretariat geöffnet und vorsortiert wird, sollten Sie dies bei der Umschlaggestaltung berücksichtigen. In diesem Fall ist der Umschlag auf die Sekretärin und der Inhalt auf die Chefin abzustimmen.

Viele Entscheider bekommen den Umschlag Ihres Anschreibens also gar nicht zu sehen. Beziehen Sie sich im Brief daher nicht auf eine Aussage auf dem Kuvert: Der Empfänger wird den Bezug nicht nachvollziehen können, wenn er den Brief nicht selbst geöffnet hat.

Oft ist es aber auch besser, auf eine offensive Kuvertgestaltung zu verzichten. Insbesondere Unternehmen, bei denen es sehr auf Seriosität ankommt, ziehen einen schlichten Auftritt vor. Bedenken Sie auch, dass immer weniger Menschen auf reißerische Versprechungen reagieren. Die massenhafte Verwendung in den vergangenen Jahren hat die Wirkung teilweise schon ins Gegenteil verkehrt.

Vieles spricht also für eine neutrale Gestaltung. Wenn Sie allerdings sicher sind, dass Ihre spezielle Zielgruppe Gefallen an einem gestalteten Umschlag findet und dadurch mehr Interesse für den Inhalt entwickelt, so kann es sich lohnen, die zusätzlichen Kosten auf sich zu nehmen. Übrigens kann man Umschläge nicht nur außen, sondern auch innen gestalten: Unter www.direktrecycling.net finden Sie u. a. Kuverts aus nicht mehr aktuellem Kartenmaterial, außen neutral, innen bedruckt. Ein echter Hingucker, und umweltschonend dazu.

Worauf es beim Versand ankommt

Nun haben Sie an alles gedacht, alles beachtet und geprüft. Ihr Mailing ist richtig gut formuliert und kann endlich auf die Reise gehen. Doch auch hier gibt es einige Möglichkeiten, die teilweise bereits in der Planungsphase zu beachten sind. Hier geht es um

- Portogrenzen,
- Höchstmaße,
- Sonderformate,
- die Auswahl geeigneter Anbieter,
- mehrstufige Aussendungen,
- Versandformen und
- die Robinsonliste.

Wenn Sie eine größere Menge an Mailings versenden, so stimmen Sie Produktion und Versand auf Ihre Kapazitäten für den erwarteten Rücklauf ab – Produktion deshalb, weil Sie gedruckte Mailings zwar bis zum Versand lagern können, dabei aber das eingedruckte Datum zunehmend an Aktualität verliert. Auch empfiehlt sich bei höheren Auflagen vorab die Versendung von Probe-Mailings an Testadressen (siehe Kapitel Testversand ab Seite 197).

Versandformen: Das sollten Sie beachten

Abhängig von der Anzahl der Mailings und der Aufteilung in Postleitzahlbereiche können interessante Kosteneinsparungen beim Porto erzielt werden. Achten Sie auf das Einzelgewicht: Die Obergrenze für normale Briefe liegt bei 20 Gramm. Diese sind teilweise schon mit zwei Blatt Inhalt zzgl. frankiertem Kuvert erreicht. Besonders bei Einladungen auf stärkerem Papier, eventuell noch in Verbindung mit einer Antwortkarte, kommt schnell ein höheres Gewicht und damit eine höhere Portostufe zustande.

Format: So erhöhen Sie die Aufmerksamkeit

Interessant ist auch die Frage nach dem Format. Üblich ist DIN lang. Je nach Beilage wird bei Mailings, die ein hochwertiges Produkt in kleinerer Auflage bewerben, auch ein DIN-A4-Format verwendet.

Ein spezieller Fall sind Werbebriefe in einem ausgefallenen Format (etwa quadratisch) oder in nicht rechteckiger Form. Die Herstellung und der Versand sind problemlos, jedoch sind Schnitt- oder Stanzkosten zu kalkulieren. Dass sich diese durchaus rechnen können, zeigen Erfahrungen mit ausgefallenen Formaten, die teilweise Response-Quoten im zweistelligen Bereich verzeichnen. Der Grund ist einleuchtend: Der Empfänger verbindet mit dem Sonderformat einen besonderen Inhalt, was seine Neugier und seine Lesebereitschaft erhöht.

Interessant ist auch die Alternative eines Selfmailers. Der gestaltete Bogen mit den Produktinformationen wird zusammengefaltet und ohne Kuvert mit einem Adressaufkleber oder -aufdruck versehen. Für den Empfänger sind die Informationen so direkt zugänglich, ohne erst ein Kuvert öffnen zu müssen. Die Gestaltung setzt sich entsprechend vom Werbebrief-Inneren in das „äußere Erscheinungsbild" fort.

Preisoptimierung: So sparen Sie Geld

Beachten Sie bei der Auswahl Ihrer Adressaten auch die Leitzahlen der Deutschen Bundespost. Die Leitregion umfasst die ersten beiden Stellen der Postleitzahl (z. B. 64 für Südhessen), der regionale Versand gilt innerhalb des Leitbereichs der Einlieferungsstelle (z. B. Leitbereich Hannover von 30000 bis 30982). In Abhängigkeit von der Menge der Briefe je Leitbereich beziehungsweise Leitregion lassen sich durch die Versendung als Infobrief oder Infopost Portokosten einsparen. Die Grundbedingung sind gleiche Inhalte und die Auflieferung am Postschalter. Für beide Versandformen ist eine Aufzahlung möglich, d. h. Sie versenden weniger als die Mindestmenge, zahlen aber die Mindestmenge. Dass sich Aufzahlen lohnen kann, zeigt folgendes Beispiel.

Die Empfänger Ihres Werbebriefs befinden sich alle in derselben Leitregion, z. B. 47xxx. Die Mindestmenge beträgt 250 Briefe. Sie haben jedoch nur 220 Kunden anzuschreiben. Dann ergeben sich folgende Möglichkeiten:

- Sie geben 220 Standardbriefe auf: 220 × 0,55 Euro = 121 Euro
- Sie versenden per Infopost: 220 × 0,25 = 55 Euro + Aufzahlung für 30 Briefe: 30 × 0,25 = 7,50 Euro

So kostet Sie der Versand als Infopost: 55 + 7,50 = 62,50 Euro und damit nur etwa halb so viel wie als Standardbrief!

Vielleicht holen Sie auch Angebote anderer Anbieter ein. Neben der Deutschen Post AG können Sie Ihre Sendungen auch mit anderen Briefdiensten verschicken. Informationen hierzu:

- www.porto-logistik.de
- www.brief-dbs.de
- www.ups.com
- www.ep-europost.de
- www.primemail.de
- www.midway-express.de
- www.general-express.de
- www.general-overnight.com
- www.messenger.de
- www.fedex.com
- www.posttip.de (mit vielen Infos und Tarifrechner!)

Manche Anbieter operieren ausschließlich regional, z. B. die Berliner PIN AG, mail-express (Oldenburg), MaxiMail (Südhessen) oder Citypost (Hannover). Diese und andere private Briefdienste bieten teilweise eine Zustellung noch am gleichen Tag und spezielle Services wie z. B. kostenlose Abholung. Das ist insbesondere für Geschäftskunden und Verwaltungen mit hohem Briefaufkommen interessant. Nachfolgend die Inlandspreise der Deutschen Post AG bei Drucklegung:

TABELLE **PORTOGEBÜHREN DER DEUTSCHEN POST, STAND DEZEMBER 2008** CD-ROM

	max. Länge*	max. Breite*	max. Dicke*	max. Gewicht	Porto in Euro	Infopost
Standard						
Postkarte	23,5	12,5	–	1,9–14,7 g	0,45	(150–500 g/m²)
Brief	23,5	12,5	0,5	20 g	0,55	
Infobrief	23,5	12,5	0,5	20 g	0,35	
Infopost	23,5	12,5	0,5	20 g	0,25	
Kompakt						
Brief	23,5	12,5	1,0	50 g	0,90	
Infobrief	23,5	12,5	1,0	50 g	0,75	
Infopost	23,5	12,5	1,0	50 g	0,28–0,39	Formel 1

	max. Länge*	max. Breite*	max. Dicke*	max. Gewicht	Porto in Euro	Infopost
Groß						
Brief	35,3	25,0	2,0	500 g	1,45	
Infobrief	35,3	25,0	2,0	1.000 g	1,35	
Infopost	35,3	25,0	2,0	1.000 g	0,36–1,05	Formel 2
MAXI						
Brief	35,3	25,0	5,0	1.000 g	2,20	
Infobrief	35,3	25,0	5,0	1.000 g	1,80	
Infopost	35,3	25,0	5,0	1.000 g	0,73–1,42	Formel 3
SCHWER						
Infopost	40	30,0	15,0	10.000 g	1,64–3,38	

* Maße in cm

- Formel 1 bis 20 g: 28 ct, über 20 g bis 50 g: (g – 20) × 0,352 ct + 28 ct
- Formel 2 bis 20 g: 35 ct, über 20 g bis 100 g: (g – 20) × 0,352 ct + 36 ct, über 100 g bis 1.000 g: (g – 100) × 0,046 ct + 64 ct
- Formel 3 bis 20 g: 73 ct, über 20 g bis 100 g: (g – 20) × 0,352 ct + 73 ct, über 100 g bis 1.000 g: (g – 100) × 0,046 ct + 101 ct

INFOBRIEFE UND INFOPOST ACHTUNG

Infobriefe müssen eine Mindestmenge von 50 Stück haben. Der Versand erfolgt bundesweit, eine Vorsortierung nach PLZ ist nicht erforderlich.

Die Mailings sind nach PLZ vorzusortieren. Der bundesweite Versand ist erst ab 4.000 Exemplaren möglich, ab 250 Briefen bietet die Deutsche Post die Infopost für eine Leitregion, ab 50 Briefen in einem Leitbereich.

Eine Sonderform des Infobriefs beziehungsweise der Infopost ist die Info-Card. Unter dem Adressaufkleber befindet sich die Rücksendeadresse für eine leichte Handhabung. Die InfoCard wird nur von lizenzierten Druckereien vertrieben, da sie patentgeschützt ist.

Wollen Sie Ihren Werbebrief möglichst günstig an viele Haushalte gleichzeitig senden, so bietet sich der Versand als Postwurfsendung an. Dabei können Sie zwischen drei Optionen wählen:

- Haushalte (ca. 36 Mio.)
- Postfächer (knapp 1 Mio. Nutzer)
- Haushalte mit Tagespost (ca. 23 Mio.)

Die Preise richten sich bei den Haushalten nach der Siedlungsdichte und liegen aktuell zwischen 53 und 112 Euro je 1.000 Sendungen á 20 Gramm (zzgl. MwSt.). Der Mindestauftragswert von 255,65 Euro ist zu berücksichtigen.

Interessanter, da zielgerichteter für Sie als Werbetreibenden ist die Form Postwurfspezial. Hierbei können Sie die Empfänger nach bestimmten Kriterien selektieren und das Verteilgebiet bestimmen. Die Preise beginnen bei 114 Euro je 1.000 Sendungen (zzgl. MwSt.).

BEISPIEL

TYPISCHE TEILADRESSIERTE AUFSCHRIFTEN SIND:

- An alle Weinliebhaber des Hauses Bachgasse 24, 72777 Mumpitz
- An alle Lottospieler in der Ludwigstr. 2, 75777 Wartau
- An die Entscheidungsträger in der Porschestr. 39, 76777 Dicklingen

Je Leitregion sind mindestens 2.000 Sendungen einzuliefern. Interessant sind die Postwurfsendungen ab einer sechsstelligen Auflage, insbesondere bei nicht allzu hochpreisigen Produkten und flächenmäßig gleich verteiltem Bedarf. Nähere Informationen zu den Selektionskriterien und weitere Angebote wie Postwurfspezial Plus, Business, Automobil oder Kreativ erhalten Sie von der Deutschen Post. Mit Postwurfspezial Mini sind Postwurfsendungen bereits ab 10.000 Stück möglich – gerade für kleinere Unternehmen möglicherweise interessant.

Robinson-Liste: Was ist das?

Die Robinson-Liste wurde 1971 als freiwillige Einrichtung der Werbewirtschaft vom Deutschen Direktmarketing Verband (DDV) initiiert. Ihre Zielsetzung ist der Verbraucherschutz vor Werbeaussendungen zur Neukundengewinnung. Sie sorgt dafür, dass Verbraucher bedeutend weniger personalisierte Werbebriefe von Unternehmen erhalten, zu denen sie noch keine Geschäftsbeziehung haben – und auch nicht wünschen. Wer keine personalisierten Werbebriefe erhalten möchte, trägt sich einfach ein. Ein Schutz vor Postwurfsendungen ist damit nicht gegeben. Aber die Versender von Direct Mailings orientieren sich meist an diesen Eintragungen. Nach fünf Jahren muss der Eintrag erneuert werden – so veraltet die Robinson-Liste nicht.

Gleichen Sie Ihren Adressdatenbestand unbedingt mit der Robinson-Liste ab. Damit sparen Sie den Empfängern unerwünschte Werbebriefe und sich selbst unnötige Kosten. Die Robinson-Liste umfasste 2007 rund 640.000 Einträge. Neuerdings können auch die Branchen selektieren werden, von denen man keine Werbepost erhalten möchte. Weitere Informationen finden Sie unter www.ddv.de und unter www.direktmarketing-info.de/mailing/index.html. Für E-Mails, SMS und Telefon gibt es eine entsprechende eRobinsonliste unter www.robinsonlist.de. Informationen zum Schutz vor unangeforderten Faxsendungen gibt es unter www.retarus.de/robinsonliste.

Bitte beachten: UWG 2004

2004 ist die Novelle des UWG (Gesetz gegen den unlauteren Wettbewerb) in Kraft getreten. Folgendes ist dabei wichtig:

- Der Versand von Werbefaxen ist nur noch mit vorheriger Einwilligung zulässig.
- Bei Werbung per E-Mail gilt grundsätzlich das Gleiche. Haben Sie die E-Mail-Adresse im Rahmen eines Kaufgeschäfts erhalten, so dürfen

Sie diese für die Werbung für ähnliche Produkte nutzen. Wenn jemand bei Ihnen per E-Mail einen Drucker bestellt hat, dürfen Sie ihm in der Folge Patronen oder Papier per E-Mail anbieten, nicht aber eine Waschmaschine. Grundsätzlich hat der Kunde jederzeit ein Widerspruchsrecht, wenn er keine weitere Werbung per E-Mail mehr möchte.

- Für Telemarketing benötigen Sie eine ausdrückliche Einwilligung. Diese sollte schriftlich erfolgen, um datenschutzrechtlich wirksam zu sein. Zudem muss die Einwilligungserklärung dem Kunden die Möglichkeit bieten, diese selbst mitzugestalten, sonst ist sie wegen unangemessener Benachteiligung anfechtbar. Durch die neuen Bestimmungen wird Telefonakquise (ohne ausdrückliche Einwilligung) als unzumutbare Belästigung deklariert und ist damit grundsätzlich abmahnbar.

Unproblematisch ist dagegen auch weiterhin der Versand von Werbebriefen. Diese Werbeform ist grundsätzlich so lange zulässig, bis der Empfänger weitere Zusendungen ablehnt.

ACHTUNG

EINWILLIGUNG PER WERBEBRIEF

Wenn Sie Ihre Kunden und Interessenten auch per E-Mail, Fax oder Telefon kontaktieren wollen, legen Sie Ihren Werbebriefen eine entsprechende Einwilligungserklärung bei. Dann sind Sie gegen wettbewerbsrechtliche Abmahnungen gesichert.

Bei großen Mengen: Remailing

Eine besondere Versandform stellt das Remailing dar. Dabei werden Inlandsbriefe im Ausland aufgegeben, um Porto zu sparen. Je nach Zielort des Werbebriefs unterscheidet man zwischen ABA- und ABC-Remailing. Beim ABA-Remailing werden die Briefe beispielsweise per Lkw von Deutschland (A) ins Ausland (B) transportiert, um von dort an deutsche Adressen (A) gesendet zu werden. Beim ABC-Remailing werden Briefe beispielsweise von Deutschland (A) in ein Nachbarland (B) transportiert, um sie von dort in ein Drittland (C) zu versenden.

Ein solches Vorgehen mit dem physischen Transport der Briefe ist gemäß Weltpostvertrag nicht erlaubt. Umstritten ist das „Non-physical-Remailing“. Hierbei werden die Daten in elektronischer Form per Datentransfer ins Ausland gesendet. Dort erst wird das Mailing ausgedruckt, konfektioniert und per Post aufgegeben. Durch den erforderlichen Organisations- und Transportaufwand eignet sich ein Remailing ohnehin nur für große Mengen und für häufiger wiederkehrenden Bedarf. Ansonsten wiegen die Transport- und Organisationskosten die Portoeinsparungen schnell wieder auf. Informationen zum aktuellen Stand der rechtlichen Lage erhalten Sie bei spezialisierten Fachanwälten oder beim DDV. Wichtige Adressen zum Direktmarketing finden Sie im Anhang.

Testversand: Finden Sie die beste Variante

Bei größeren Mailing-Aktionen und dem damit verbundenen Kostenrisiko ist es sehr zu empfehlen, im Vorfeld ein paar Varianten zu erstellen, die sich in nur jeweils einem Punkt unterscheiden und diese an möglichst gleich zusammengesetzte Zielgruppen zu versenden. Aus dem Rücklauf können Sie erkennen, welche Variante am besten ankommt. Als Variationselemente bieten sich insbesondere die Anrede, die Argumente, das PS, die Preisgestaltung, ein Bonus und das Response-Element. Weitere Variationsmöglichkeiten bestehen hinsichtlich der grafischen Gestaltung, der Frankierung, der Papier- und Farbwahl, sowie der angebotenen Antwortmöglichkeiten.

ACHTUNG

ZEITPLAN BEACHTEN

Wenn Sie einen oder mehrere Testaussendungen durchführen wollen, so ist dafür unbedingt ausreichend Zeit für die Erstellung der Varianten, den Versand, den Rücklauf und die Auswertung einzukalkulieren. Sonst kommen Sie mit der Hauptaussendung leicht in Verzug und bspw. in die response-schwache Ferienzeit.

Um die Rückläufe den Varianten zuordnen zu können, sind auf den Antwortelementen Kodierungen anzubringen. Sie können eine Zahlen-Ziffern-Kombination aufdrucken oder die Rücksendeadresse variieren, indem Sie z. B. eine andere Abteilung oder einen anderen Empfänger eintragen.

Bei manchen Produkten ist ein Sofortkauf unwahrscheinlich oder auch unüblich. Wählen Sie in solchen Fällen ein mehrstufiges Vorgehen. Im ersten Mailing knüpfen Sie Kontakt und wecken Interesse. Der Empfänger soll Sie kennenlernen und möglichst selbst Kontakt aufnehmen. Kündigen Sie aber vorsichtshalber das zweite Schreiben an.

BEISPIEL

HINWEISE AUF FOLGESCHREIBEN

- Nächste Woche werden wir Ihnen ein individuelles Angebot vorstellen.
- Ein konkretes Angebot erhalten Sie in unserem nächsten Schreiben.

Wenn Sie ein zweites oder drittes Schreiben initiieren, signalisieren Sie Ihrem Kunden in spe, dass Sie sich Mühe mit ihm geben. Entsprechend aufmerksam wird er Ihr Angebot wahrnehmen. Manchmal ist es besser, sich mehr Zeit zu nehmen, um sein Ziel schneller zu erreichen.

Was Sie nach der Versendung tun können

Jetzt bleibt nur noch, Bestellungen bzw. Anmeldungen entgegenzunehmen? Nutzen Sie auch die Chancen, die sich aus der Analyse des Rücklaufs ergeben! Ebenso erfahren Sie hier, wie Sie den Rücklauf mit Erinnerungsschreiben und Nachfassaktionen erhöhen können.

Weitere Themen sind:

- Response schnell erfassen und bearbeiten
- Analyse des Rücklaufs
- Optimierung für Folgeaktionen
- Pflege der Datenbestände

Sie haben Ihre Mailings auf die Reise gebracht und warten auf Erfolg. Doch welchen Erfolg können Sie erwarten? Ist nach zwei Wochen noch mit Antworten zu rechnen? Sollten Sie vielleicht bei denen nachhaken, die sich noch nicht gemeldet haben, oder ist das aussichtslos? Und wenn Sie nachfassen möchten, tun Sie das besser telefonisch oder noch einmal schriftlich?

Die Frage, wie viel Response denn eigentlich zu erwarten ist, kann Ihnen vorher niemand beantworten, denn die Response-Quote ist abhängig von vielen Faktoren. Einige davon sind:

- Auswahl der Zielgruppe
- Qualität der Adressdaten
- Attraktivität des Angebots
- Stärke des Wettbewerbs
- Wahl der Argumente
- emotionale Überzeugungskraft
- Zeitpunkt der Aussendung

Erfahrungswerte lassen einen Rücklauf von etwa ein bis zehn Prozent erwarten, in Extremfällen wird er auch darunter oder darüber liegen. Ihre Aktion sollte so angelegt sein, dass Sie mit einem Prozent Response leben können. Werden es dann doch drei oder gar fünf Prozent, haben Sie gewonnen! Zweistellige Response-Quoten werden nur bei einer sorgfältig ausgewählten Zielgruppe erreicht, für die das Angebot sehr attraktiv ist.

Zunächst einmal: Trösten Sie sich, wenn der erwartete Rücklauf auch nach drei Wochen nicht voll eintritt. Aber sondieren Sie die möglichen Ursachen, damit die nächste Aussendung erfolgreicher wird. Dafür kommen in Betracht:

- Zielgruppe nicht optimal definiert (z. B. hohe Response-Quote, aber geringe Umsätze)
- Adressdaten zu unexakt (Personalisierung, Datenbankpflege)

- Versendetermin ungünstig (Feiertage, Urlaubszeit)
- Wirtschaftliche Schwächephase (Unsicherheiten)
- Branchenspezifische Krise (geringe Investitionsbereitschaft)
- Desinteresse am Produkt (Marktsättigung, Mitbewerber)
- Argumentation zu schwach (USP herausstellen)
- Response-Möglichkeit zu kompliziert (zu große Auswahl, zu viel auszufüllen)
- Kaufpreis zu hoch (Bündelung, kleinere Einheiten)

Wenn Sie hier Schwachstellen identifizieren können, haben Sie für eine zweite Aussendung schon gesteigerte Chancen auf eine bessere Response-Quote.

Erinnerungsschreiben: So bleiben Sie im Gedächtnis

Wenn Sie in Ihrem ersten Anschreiben einen wichtigen Termin angekündigt haben, wollen Sie vielleicht mit einem zweiten Schreiben nochmals an diesen Termin erinnern.

Das folgende Beispiel zeigt eine Erinnerungskarte mit Antwortmöglichkeit kurz vor der Veranstaltung. Weitere Muster mit Faxantwort finden Sie auf Ihrer CD-ROM.

MUSTER: ERINNERUNGSKARTE

Fachkongress „Besser sehen"

Sehr geehrter Herr Dr. Jansen,

der diesjährige Fachkongress in Blindenhausen rückt näher. Nur noch wenige Plätze sind frei! Das Programm wird getragen durch hochkarätige Vorträge u. a. von Prof. Daniel Doppelglas, Dr. Dr. Wiebke Weitsicht und Prof. Uwe Unklar. Das vollständige Programm haben Sie bereits erhalten. Die Veranstaltungstage stehen jeweils unter einem eigenen Fokus. Wir hoffen, auch für Ihre Arbeit interessante Themen ausgewählt zu haben. Sind Sie dabei?

Ja, ich melde mich für den Fachkongress „Besser sehen" mit ______ Personen an.
Ich bitte um Platzreservierung an folgenden Tagen:

O 16. Mai zum Thema „Operative Möglichkeiten der Laserchirurgie"
O 17. Mai zum Thema „Ernährungsbasierte Augentherapie"
O 18. Mai zum Thema „Innovative Sehtest-Programme"

____

Datum, Unterschrift

Die Teilnahmegebühr beträgt p. P. 333,00 Euro für den ersten und 222,00 Euro für jeden weiteren Tag (jeweils zzgl. MwSt.) und schließt den Besuch aller Tagesveranstaltungen, Mittag- und Abendessen, Erfrischungsgetränke sowie ein Handout mit den Kurzfassungen der Vorträge ein.

Wenn Sie das Veranstaltungsprogramm nicht mehr vorliegen haben, senden wir es Ihnen schnell noch mal per E-Mail oder Fax zu. Ein kurzer Anruf genügt!

Mit freundlichen Grüßen

Jeremias Jubell
Kongress Management

Einfach die Anmeldung per Fax senden an:
01188-77444111

Besonders elegant ist es, die Erinnerungsfunktion quasi nebenbei zu erfüllen, indem Sie ein persönliches Dokument wie z. B. eine Zugangsberechtigung oder einen Teilnahmecoupon versenden.

CD-ROM **MUSTER: PERSÖNLICHES DOKUMENT – BOARDING-CARD** MUSTER

Ihre Chance zum Abheben mit Cargo Experts

Sehr geehrte Frau Sonnenschein,

heute erhalten Sie Ihre Boarding-Card mit der persönlichen Glücksnummer. Damit können Sie an unserem Messestand einen Flug im Heißluftballon gewinnen. Stand 127/226 in Halle 5 auf der weltgrößten Logistikmesse „transport logistic 2001", in München am 15.-19. Mai.

Wir freuen uns auf Ihren Besuch!

Viel Glück wünscht Ihnen

Horst Welteke
Customer Support

Weitere Anlässe für Folge-Mailings sind etwa eine inzwischen geänderte Gesetzeslage, neue Produkte oder Aktionen, auf die Sie Ihre Kunden aufmerksam machen. Bei einer Folge-Mailing-Aktion profitieren Sie vom „Mere-Exposure-Effekt": der Empfänger erinnert sich vielleicht nicht mehr bewusst an Sie oder Ihr Produkt, doch der Inhalt Ihres Schreibens wird beim zweiten Mal leichter aufgenommen. Ihr Empfänger hatte schon einmal Kontakt mit Ihnen gehabt, sein Unterbewusstsein meldet ihm daher einen mehr oder weniger großen Bekanntheitsgrad, was die natürlichen Schutzmechanismen gegenüber allem „Fremden" reduziert.

Response erfassen: Das sollten Sie beachten

Erfassen Sie die eingehenden Kundenkontakte unbedingt getrennt nach dem genutzten Response-Kanal, möglichst unterschieden nach Absage/Interesse/Bestellung. So können Sie auch erkennen, welcher Weg von wem mit welcher Absicht gewählt wird. Es könnte sich z. B. ergeben, dass die „Besteller" hauptsächlich telefonisch Kontakt aufnehmen, um keine Zeit zu verlieren und noch ausstehende Fragen direkt zu klären. „Absager" dagegen werden bei einer Einladung vielleicht die Antwortkarte (unfrankiert) zurücksenden und die „Interessenten" fordern zunächst einmal unverbindlich und ohne Mitarbeiterkontakt per Fax Infomaterial an. Diese Erkenntnisse können Sie bei Folgeaktionen entsprechend in die Konzeption einfließen lassen.

Wichtig ist auch, wann und wie lange mit Response zu rechnen ist, besonders hinsichtlich der bereitzustellenden Kapazitäten, um die Anfragen schnell bearbeiten zu können. Der Großteil des Rücklaufs geht voraussichtlich innerhalb der ersten ein bis zwei Wochen ein, nach drei bis vier Wochen sind kaum noch Antworten zu erwarten. Nur wenige Empfänger werden Ihren Werbebrief (bei besonderem Interesse) abheften und zu einem späteren Zeitpunkt Kontakt aufnehmen. Je nach Angebot und Reaktionsziel kann aber bereits weit über die Hälfte innerhalb der ersten Tage antworten. Besonders bei Schnäppchen-Angeboten werden sich die Anfragen sehr zeitnah einstellen.

Belohnen Sie die Reagierenden mit einer prompten Zusendung des angeforderten Materials beziehungsweise der bestellten Ware. Legen Sie ein freundliches Begleitschreiben bei, in dem Sie Dank und/oder Willkommen aussprechen.

Nachfassen – so gelangen Sie zum Erfolg

Eventuell lohnt sich eine Nachfass-Aktion bei den Nicht-Reagierenden. Dazu bietet sich ein zweites Anschreiben an. Damit Ihr erstes Anschreiben noch nicht in Vergessenheit geraten ist und Sie nicht wieder von null anfangen müssen, planen Sie Ihre Nachfass-Aktion so, dass der Kunde in der Folgewoche der ersten Aussendung wieder von Ihnen hört. Knüpfen Sie an die Argumentation des ersten Schreibens an, fassen Sie die zentralen Vorteile nochmals zusammen und fragen Sie, ob der Kunde weitere Informationen oder einen Beratungstermin möchte. Machen Sie ihm das Antworten wieder leicht und räumen Sie eventuelle Hindernisse wie Zweifel oder Unsicherheit durch Belege, Testimonials oder Garantien aus dem Weg.

Eine billigere Variante ist die E-Mail. Fragen Sie darin unbedingt, ob der Kunde weitere E-Mails von Ihnen erhalten möchte und bieten Sie ihm eine einfache Reaktionsmöglichkeit an. Laut neuem UWG brauchen Sie das Einverständnis des Empfängers, bevor Sie ihm Werbemails senden. Das Gleiche gilt für Fax und Telefon. Wenn es sich um ehemalige Kunden handelt, dürfen Sie anrufen, bei Neukontakten jedoch nicht ohne Erlaubnis. Die Frage ist, ob Sie bei Ihrem Anruf gleich im ersten Satz das Einverständnis für diesen Anruf einholen wollen und der Kunde da mitspielt.

Interessenten sollten Sie auf jeden Fall weiter kontaktieren, denn diese haben bereits grundsätzliches Interesse gezeigt. Dieses gilt es in einer Nachfass-Aktion in eine konkrete Bestellung umzuwandeln. Die Regeln sind die gleichen wie beim ersten Anschreiben, außer dass Sie sich nun auf den inzwischen bestehenden Kontakt beziehen können.

Eine telefonische Nachfass-Aktion soll sich zwar auf das vorangegangene Mailing beziehen, erfordert aber eine eigene Konzeption. Zudem sollte Telemarketing nur von erfahrenen Fachkräften durchgeführt werden. Organisations- und Zeitaufwand wie auch der Finanzbedarf sind also nicht unerheblich und sollten dem erwarteten Erfolg entsprechen. Nach der neuesten Fassung des UWG müssen Sie für Neukontakte eine schriftliche Einverständniserklärung des Adressaten einholen, was dieses Vorgehen erschwert.

Das direkte (Telefon-)Gespräch mit dem Kunden bietet Ihnen aber ganz eigene Vorteile: So haben Sie die Möglichkeit, individuell auf die Kundenbedürfnisse einzugehen und erhalten möglicherweise Hinweise auf eine sinnvolle Erweiterung oder Veränderung Ihres Angebots. Auch können evtl. bestehende Unklarheiten erkannt und ausgeräumt werden. Dagegen spricht, dass sich selbst Bestandskunden durch Anrufe belästigt fühlen können, insbesondere wenn Sie einen ungünstigen Zeitpunkt erwischen.

BEISPIEL **INHALTE VON NACHFASS-ANRUFEN**

- Angebot erhalten? Fragen hierzu?
- Individuelle Wünsche?
- Grundsätzliches Interesse am Produkt/an Informationen?
- Beratungstermin?
- Lieferung erhalten? Alles o.k.?
- „Insiderinfo": Tipp zu einem speziellen Thema
- Gewinnmitteilung

Über Möglichkeiten und Einsatzbereiche von Telemarketing informieren Sie Direktmarketingagenturen und Callcenter. Die Adressen finden Sie im Branchenverzeichnis. Grundsätzlich eignet sich Telemarketing sowohl als Nachfass-Instrument wie auch zum Vorsondieren bzgl. Ansprechpartner, Bedarfslage und Interesse. Das strategische Vorgehen sollte bereits zu Beginn mit den zuständigen Abteilungen beziehungsweise externen Beratern abgestimmt werden.

Nicht vergessen: Erfolgskontrolle

Kernaussage der Response-Auswertung ist natürlich die prozentuale Antwortquote und die Summe der generierten Umsätze. Erfahrungen aus vergangenen Mailing-Aktionen sollten langfristig zu einem immer effektiveren Einsatz des Mediums Werbebrief führen. Allerdings sind damit nicht unbedingt höhere Rückläufe und Umsätze verbunden. Teilweise gilt das Bemühen um Effizienzsteigerung einzig der Begrenzung des rückläufigen Konsumenteninteresses. Im Zuge der steigenden Informationsflut werden einzelne Aussagen immer weniger wahrgenommen und die Bereitschaft zur Auseinandersetzung mit neuen Inhalten und Kontakten sinkt. Zweistellige Response-Quoten sind daher die Ausnahme, aber durch intensive Zielgruppenauswahl und eine stark individualisierte Ansprache durchaus zu erreichen.

Um den Effekt einer Mailing-Aktion eindeutig bestimmen zu können, ist eine Kontrollgruppe erforderlich. Der Grund: Ein Anstieg an Bestellungen kann auch rein saisonal oder durch andere Werbemaßnahmen bedingt sein. Diese Kontrollgruppe muss in ihrer Zusammensetzung den Empfängerdaten entsprechen, damit die beiden Gruppen vergleichbar sind.

Haben Sie verschiedene Varianten und/oder an mehrere Zielgruppen verschickt, können Sie den Rücklauf detailliert nach Kundengruppen oder Angebot auswerten. Oder Sie sortieren nach Art der Reaktion: Besuch der Website, Anfordern von Informationsmaterial, Bestellung.

Eine weitere Möglichkeit besteht darin, aus dem Response-Verhalten Kundenklassen zu bilden: reaktivierte Altkunden, Neukunden, Stammkäufer, aber auch nach dem Bestellumfang: Testkäufer, Mengenkäufer, Premiumkunden. Diese Erkenntnisse sollten in die nächste Kampagnenplanung einfließen. Ihre Kundendatei wird umso wertvoller, je größer ihr Umfang und je mehr Differenzierungsmöglichkeiten sich bieten.

Hohe Response-Zahlen sind erstrebenswert, müssen jedoch nicht hohe Umsätze bedeuten. Umgekehrt kann mit wenigen, großen Aufträgen ein guter Return of Investment erfolgen, also der Erlös des getätigten Einsatzes. Der Break-even beschreibt dabei den Punkt, ab dem Sie mit Ihrer Aktion die Gewinnzone erreichen. Kalkulieren Sie mit nicht mehr als ein bis drei Prozent Rücklauf. Bedenken Sie, dass Ihr Kunde auch von anderer Seite ähnliche Angebote erhält. Gerade deshalb sind Vertrauen und Sympathie ebenso wie ein klarer Mehrwert wichtig für die Kaufentscheidung.

Weitere Messzahlen zur wirtschaftlichen Erfolgskontrolle sind „Cost per Interest“ und „Cost per Order“. Der CpI gibt die Gesamtkosten der Aktion geteilt durch die Anzahl der gewonnenen Interessenten an. Sie erfahren dadurch also, wie viel Sie jeder neue Interessent gekostet hat.

Beim CpO ermitteln Sie die Gesamtkosten der Aktion geteilt durch die Anzahl der Besteller. Daraus erkennen Sie, wie hoch die Bestellungen im Durchschnitt sein müssen, um die Kosten wieder einzuspielen. Insbesondere im Vorfeld der geplanten Aktion können Sie mit einer Tabelle ermitteln, ab welcher Bestellerzahl Sie bei einem durchschnittlichen/minimalen Bestellumfang in die Gewinnzone geraten. Aber bedenken Sie bei all dem auch den Langzeiteffekt. So werden zufriedene Neukunden wahrscheinlich wiederholt bei Ihnen kaufen, und bei den Nichtbestellern haben Sie sich immerhin schon einmal vorgestellt. Damit haben Sie zumindest eine Position in deren Köpfen errungen.

Datenpflege: So bleiben Ihre Adressdaten aktuell

Neben den Umsätzen ist aber auch die Erweiterung und Aktualisierung der Kundendatenbank ein wertvoller Effekt, der sich auf nachfolgende Aktionen nutzbringend auswirkt. Ein weiterer, unsichtbarer Effekt ist der – hoffentlich positive, sympathische – Eindruck, der von Ihrem Unternehmen zumindest unterbewusst beim Empfänger hängen bleibt. Beim Folgekontakt können Sie somit nachträglich durchaus von vorangegangenen, vermeintlich erfolglosen Aktionen profitieren.

Daraus ergibt sich die Notwendigkeit, alle neu gewonnenen Erkenntnisse aus der letzten Mailing-Aktion sorgfältig in die bestehenden Datenbanken einzupflegen. Sowohl aus Gründen der einfachen Handhabung wie auch wegen der vielfältigen Möglichkeiten der Auswertung und Selektion ist es sinnvoll, mit einer professionellen, ausgereiften Software zu arbeiten. Die Investitionen sind überschaubar und zahlen sich durch Zeitersparnis und höhere Datenqualität schnell aus.

Wer seine Mailing-Aktion nicht auswertet, verschenkt wertvolle Informationen für weitere Kampagnen. Dabei ist auch zu erwägen, ob die unzustellbaren Sendungen per Vorausverfügung („Wenn unzustellbar zurück an den Absender") erfasst werden sollen. Einerseits hilft dies bei der Aktualisierung der Adressdaten, andererseits vermittelt ein solcher Aufdruck auf dem Kuvert dem Empfänger gleich, dass hier „ins Blaue" hinein versendet wurde und seine Existenz als Empfänger nicht einmal als sicher vorausgesetzt wurde. Eine durchaus zweischneidige Angelegenheit.

To do or not to do?

Inzwischen wissen Sie, worauf es bei Werbebriefen ankommt, was zu beachten ist und welche Möglichkeiten sich Ihnen bieten. Beste Voraussetzungen also, die Mailingaktion in Eigenregie durchzuführen. Es gibt allerdings auch zahlreiche Gründe, die ganze Arbeit oder zumindest einen großen Teil davon nach außen abzugeben. Die Alternativen hierbei sind:

- Beauftragung einer spezialisierten Agentur
- Zusammenarbeit mit einem Textbüro
- Outsourcen der kompletten Abwicklung

Darüber hinaus erhalten Sie Tipps für das Briefing und Checklisten zur Kontrolle aller Leistungen.

Als Unternehmer stellt sich Ihnen die Frage, ob Sie Ihre Werbebriefe selbst verfassen oder Dienstleister hiermit beauftragen wollen. Die Antwort wird vom Einzelfall abhängen. Wenn Sie sich in Formulierung und Gestaltung sicher sind, verfassen Sie Ihre Briefe selbst. Vorteile sind dabei ganz klar darin zu sehen, dass Sie die Zeit für Briefing, Präsentation und Korrekturbesprechung sparen, ebenso wie die Kosten für externe Dienstleister. Sie werden allerdings mehr Zeit für ein befriedigendes Ergebnis benötigen als Sie zuvor dachten. Für Führungskräfte bedeutet das zusätzliche (Über-) Stunden.

Wenn Sie einen Mitarbeiter beauftragen, sparen Sie zwar Ihre eigene Zeit, bezahlen aber meist einen Nicht-Fachmann für die Erledigung einer Aufgabe, deren Ergebnis Sie selbst verantworten müssen. Der Mitarbeiter muss für die Ausarbeitung seine sonstigen Pflichten zurückstellen, Besprechungen und Abstimmungen erfordern weitere Zeit.

Umgekehrt können Sie das neu gewonnene Wissen über Werbebriefe dahin gehend nutzen, dass Sie eine Agentur zielgerichtet briefen und deren vorgestellte Entwürfe mit Sachverstand realistisch bewerten.

Zusammenarbeit mit einer Werbeagentur

Große Agenturen bieten Ihnen den Vorteil einer umfassenden Betreuung vom Firmenauftritt über die Produktpräsentation und Messeauftritt bis hin zur Internetpräsenz. Ein ganzes Team von motivierten Fachleuten steht Ihnen hier unter einem Dach für alle Marketing- und PR-Fragen zur Verfügung. Für große Unternehmen auf jeden Fall die richtige Wahl.

Kleinere Agenturen sind oftmals spezialisiert auf PR, Direktmarketing, Verpackungsgestaltung, Messepräsentation, Webdesign, Werbespots, Kommunikationsdesign, DTP, Plakatwerbung oder Anzeigengestaltung. Hier gilt es, den richtigen Partner herauszufinden. Über die Kosten informiert z. B. eine Veröffentlichung der Verlagsgruppe Handelsblatt unter dem Titel „Das kostet Kommunikation“. Die Stundensätze liegen in der Regel zwischen 70 und 150 Euro, abhängig von der Größe, der Kalkulation und dem Renommee der Agentur.

Bei jeder Fremdleistung muss gewährleistet bleiben, dass Sie sich mit dem Produkt identifizieren können. Für die betreuende Agentur bedeutet das ein hohes Maß an Einfühlungsvermögen und auch Identifikation mit Ihrem Unternehmensprofil. Deshalb finden junge Agenturen eher mit jungen Unternehmen zusammen und wenden sich alteingesessene Unternehmen eher an die etablierten Agenturen.

Ein wichtiger Aspekt: Das „Feeling" muss stimmen. Für eine gute Zusammenarbeit und ein produktives Ergebnis ist es hilfreich, wenn man sich auf einem freundschaftlichen Niveau begegnet (ohne gleich Freundschaft schließen zu müssen). Daher lohnt es sich durchaus, sich bei der Wahl der passenden Agentur etwas Zeit zu lassen.

KEINE ANGST VOR KLEINEN PREISEN! ACHTUNG

Achten Sie bei der Auswahl der Agentur weniger auf die Referenzen als mehr darauf, dass man Sie mit Ihrem Anliegen ernst nimmt und versteht und dass „die Chemie" stimmt. Auch die Größe oder der Preis sind kein Garant für ein gutes Ergebnis. Ein doppelt so hoher Preis steht nicht für doppelt so hohe Qualität

Einfach nur ein Textbüro

Wenn Ihnen als mittelständisches oder kleineres Unternehmen die Kosten für eine Agentur zu hoch sind und Sie keinen persönlichen Kontakter oder Consultant brauchen, dann können Sie es sich auch einfacher machen, indem Sie im Branchenbuch ein Textbüro suchen, das Ihnen die Arbeit zu einem überschaubaren Preis abnimmt. Die Stundensätze freier Texter und Grafiker liegen meist zwischen etwa 30 und 80 Euro. Auch hier zählen die Erfahrung, die Kalkulation und das Renommee. Kreative, die durch ihre Tätigkeit für große Konzerne an hohe Stundensätze gewöhnt sind, kosten mehr. Qualität und Preis variieren teilweise beträchtlich, sodass es durchaus sinnvoll ist, sich für Grafik und Text Vergleichsangebote einzuholen.

Beachten Sie bitte den Unterschied zwischen Schreib- und Textbüro: Erstere übertragen für Sie große Datenmengen in den PC oder scannen Ihre Textquellen. Textbüros dagegen bieten Ihnen die konzeptionelle und sprachliche Gestaltung von z. B. Broschüren, Websites und Werbebriefen. Diese finden Sie meist unter der Rubrik „Werbetexte". Lassen Sie sich Arbeitsproben zeigen und fragen Sie nach dem ungefähren Kostenrahmen. Ungefähr deshalb, weil jeder Werbebrief ein Unikat ist. Die Kosten lassen sich im Voraus anhand von vergleichbaren Aufträgen abschätzen. Der Aufwand ist dabei jedoch stark abhängig von folgenden Faktoren:

- Brauchbarkeit des Ausgangsmaterials (in digitaler Form vorliegend?)
- Exaktheit des Briefings (klare Ziel(gruppen)definition?)
- Spätere Änderungen in der Konzeption
- Anzahl der Entwürfe und Varianten
- Anzahl der Überarbeitungen und Korrekturen
- Anzahl der Komponenten (Anschreiben, Flyer, Response-Element, Gutschein, Gewinnspiel etc.)
- Anzahl der Präsentationstermine
- Erfahrung der Kreativen, Rechercheaufwand

Damit kennen Sie auch das Sparpotenzial bei der Erstellung von Werbebriefen. Eine gute Möglichkeit, Kosten zu reduzieren, ist, einen Brief zu entwerfen und diesen von einem Profi ausarbeiten zu lassen. Ein Texter kann, basierend auf Ihren Entwürfen, weitere stilistische und konzeptionelle Alternativen entwickeln, die spezielle Vorteile bei der Ansprache einzelner Zielgruppen aufweisen. So gewinnen Sie nebenbei auch eine neue Perspektive für Ihre momentane Position und die sich bietenden Möglichkeiten. Ein weiterer Vorteil: Sie haben sich bereits intensiv Gedanken zum Thema gemacht und bringen Ihre Ideen von Anfang an ein. Der Texter kann hieraus gleich erkennen, in welche Richtung Sie wollen.

Wenn jedoch die Konzeption nicht schlüssig ist, kann die Überarbeitung letztlich aufwendiger und damit teurer sein als eine komplette Neuanfertigung. Wenn Sie sich nicht ganz sicher sind, wie gut Ihr Entwurf tatsächlich ist, machen Sie die Probe und geben Sie Ihr ausgearbeitetes Mailing an einen Textprofi. Die Erfahrung zeigt, dass meist noch einiges an Feinarbeit möglich beziehungsweise nötig ist.

Ein weiteres Argument ist die sogenannte „Betriebsblindheit". Durch die permanente Auseinandersetzung mit Ihrem Unternehmen ist Ihr Blick auf bestimmten Themen fokussiert, während andere, für Außenstehende bedeutungsvolle Aspekte nicht (mehr) wahrgenommen werden. Ein externer Profi stellt durch seine unvoreingenommene, branchenübergreifende Sichtweise oftmals interessante Zusammenhänge her.

Schließlich geht es darum, wie Ihr Unternehmen von der Umwelt wahrgenommen wird, und da wirkt jeder Fehltritt in der vollen Auflage der Mailing-Aktion. Wenn Sie die übrigen Kosten bedenken, die bei der Realisierung von Mailings, aber auch von Broschüren, Internettexten und Dokumentationen entstehen, und welche Breitenwirkung von einmal definierten Inhalten ausgeht, so sollte die Entscheidung leicht fallen, im textlichen Bereich ebenso selbstverständlich wie in der Grafik und der Fotografie von fachlicher Unterstützung zu profitieren.

QUALIFIKATION PRÜFEN ACHTUNG

Wer Anzeigen und Fernsehspots konzipiert, muss nicht automatisch gute Werbebriefe entwickeln. Lassen Sie sich von Textern, Grafikern und Fotografen Arbeitsproben zeigen. Daran erkennen Sie, ob Ihnen der Stil gefällt beziehungsweise ob der Dienstleister flexibel genug ist, sich auf Ihr Unternehmen und Ihren persönlichen Stil einzustellen. Es ist wie überall: Man merkt schnell, ob man miteinander arbeiten kann.

Fulfilment: Wenn Sie möglichst viel outsourcen wollen

Immer mehr Dienstleister im Direktmarketing wie Lettershops, Agenturen, Callcenter und auch die Deutsche Post bieten ihren Kunden weitere Dienstleistungen an. So führen beispielsweise manche Telemarketing-Agenturen nicht nur Akquisetelefonate, sondern übernehmen auch die Bestellannahme, den Warenversand und die Rechnungsstellung. Weitere Fulfilment-Dienste sind Kundenbetreuung, Konfektionierung, Lagerverwaltung, Datenpflege, Adressqualifizierung, Reklamationsmanagement und Controlling. Je nach Branche, Produkt und Qualifikation der eigenen Mitarbeiter lässt sich so einiges outsourcen. Natürlich hat das seinen Preis, andererseits reduzieren sich eigene Personal- und Lagerkosten. Probleme beim Outsourcen von Kompetenz sind die erforderliche Vermittlung spezieller Produktkenntnisse und die Abhängigkeit von Externen.

Das Briefing: So schaffen Sie Klarheit

Wenn Sie eine Agentur, ein Callcenter oder freiberufliche Kreative beauftragen wollen, müssen Sie diesen klare Informationen darüber geben, wer Sie sind und was Sie erreichen wollen. Je exakter Ihre Aussagen, desto schneller und besser können die Auftragnehmer Ihre Vorstellungen realisieren. Bei diesen sogenannten Briefings kommt es immer wieder zu Problemen, die das Projekt und manchmal auch die Beziehung der Vertragspartner belasten. Gründe hierfür sind meist unklare Zielvorgaben, schlechte Vorbereitung, Zeitdruck und mangelnde Kommunikation. Daher soll Ihnen die folgende Checkliste helfen, die wichtigsten Informationen korrekt weiterzugeben.

CD-ROM

CHECKLISTE: BRIEFING

CHECK

	Antwort
Wer sind Sie? – Darin machen Sie Aussagen zu Selbstverständnis, Credo, Ausrichtung, Philosophie Ihres Unternehmens.	
In welchem Umfeld agieren Sie? – Hier geht es um Ihre Positionierung, Ihre Branche und den Wettbewerb.	
Was ist der USP Ihres Unternehmens oder Produkts? – Definieren Sie Ihre Einzigartigkeit.	
Welche Kommunikationswege und -formen wurden bereits, sollen noch oder dürfen nicht benutzt werden? – Vermitteln Sie Ihre Erfahrungen und Ihre Erwartungen.	
Welches Material Ihrer bisherigen Unternehmenskommunikation können Sie zur Verfügung stellen? – Man muss einerseits das Rad nicht jedes Mal neu erfinden und andererseits Fehler nicht wiederholen. Außerdem gilt es, die werbewirksamen Elemente (Geschäftsausstattung, Broschüren, Website, Mailings, Logo, Anzeigen, Verpackungsdesign) aufeinander abzustimmen.	
Was ist das Ziel der Aktion? – Information, Imagepflege, Akquise erfordern unterschiedliche Konzepte.	
Welche (branchenspezifischen) Besonderheiten sind zu berücksichtigen? – Wettbewerbsrecht, gesetzliche Schutzauflagen, Verbandsregularien etc.	
Was ist Ihre Botschaft? – Was soll der Werbebrief im Kern vermitteln?	

	Antwort
Wie lautet das Angebot? – Genaue Fakten zu Menge, Preis, Frist, Bedingungen.	
Welche Zielgruppen sollen erreicht werden? – Auswahl vorhandener Kundenkontakte und Fremdadressen; Presse, Händler, Dienstleister.	
Welche thematischen, zeitlichen und/oder finanziellen Beschränkungen bestehen? – Etat, Auflagenhöhe, Versandtermin, Beilagen, Gewinnspiel etc.	
Welche Response-Kanäle werden angeboten? – Bereitstellung der technischen und menschlichen Ressourcen.	
Was passiert nach der Aussendung? – Response-Erfassung, Nachfass-Aktion, Folge-Mailings, Erinnerungsschreiben, Abwicklung.	
Ist eine Verzahnung mit anderen Aktionen geplant? – Anzeigen, TV-Spots, Plakate, Newsletter, Website-Specials.	
Wer sind die verantwortlichen Ansprechpartner in Unternehmen und Agentur? – Ggf. trennen nach Kompetenzbereichen. Ziel: je ein Ansprechpartner für jedes Ressort, bei überschaubaren Aktionen möglichst nur ein Verantwortlicher für das Gesamtprojekt.	
Was ist exakt zu leisten? – Erstellen oder Beauftragung eines detaillierten Aufgabenkatalogs mit verbindlicher Zeitplanung.	

	Antwort
Wie wird der Projektfortschritt kontrolliert? – Zwischenpräsentationen oder Statusberichte vereinbaren.	
Wie war das noch? – Protokollieren aller Meetings mit klaren To-do-Listen, Namen und Terminen. Lassen Sie die Protokolle von den Beteiligten prüfen und bestätigen.	
Wie wird der Erfolg gemessen? – Vereinbaren klarer Zielerreichungskriterien bei (teilweise) erfolgsabhängiger Entlohnung.	
Wie teuer wird das? – Fordern Sie einen Kostenvoranschlag, am besten gestaffelt nach Anzahl der Varianten oder in Abhängigkeit der Auflage und des Druckverfahrens etc.	

Bedenken Sie dabei jedoch, dass der Aufwand der Agentur für eine Kostenschätzung in Abhängigkeit von mehreren Variablen (Papier, Versandform, Druck, Zusatzleistungen, Varianten etc.) unnötig groß wird. Eine exakte Kostenschätzung ist bei Kreativleistungen ohnehin schwierig. Je exakter Sie die Kostenseite von Anfang an fixieren wollen, desto mehr drängen Sie die Agentur dazu, auf durchschnittliche Erfahrungswerte zurückzugreifen. Damit fahren Sie nicht unbedingt günstiger als bei einer exakten, aufwandsbasierten Abrechnung.

Bewährt hat sich daher die Angabe eines Kostenhorizonts, der in Abhängigkeit von Aufwand und Dauer bis zur Auftragserfüllung einen Bereich von x bis x + y Euro vorgibt. Der Vorteil: Der Auftraggeber erkennt das Einsparpotenzial (y), das er durch unterstützendes Mitwirken im eigenen Interesse beeinflussen kann. Der Nachteil: Der Kunde fixiert meist eher den unteren Betrag, die Agentur kann einen entstandenen höheren Aufwand nur schwer weitergeben. Daher ist ein gutes Vertrauensverhältnis mindestens ebenso wichtig wie die fachliche Qualifikation.

Gibt ein Kreativbüro ein zu niedriges Angebot ab, so stehen alle Beteiligten von Anfang an unter dem Stress, die Kosten könnten über das kalkulierte Limit steigen. In einer solchen Situation werden selten kreative Hochleistungen erbracht. Daher ist es unter Umständen günstiger, einem höheren Angebot zu folgen. Schließlich steht und fällt die Aktion mit der Qualität aller Bestandteile. Der Autor dieses Buches beispielsweise reicht Aufwands- und Kosteneinsparungen direkt an seine Kunden weiter – eine effektive Zusammenarbeit und kundenseitige Entschlussfähigkeit kommt damit dem Auftraggeber selbst zugute.

Ihre Checkliste als Auftraggeber

Wenn Sie Ihre Mailing-Aktionen von Profis entwickeln lassen, sollten Sie, was die Qualität angeht, auf der sicheren Seite sein. Die Lektüre dieses Buches versetzt Sie als Auftraggeber in die Lage, die vorgelegten Arbeiten fachlich fundiert zu beurteilen.

Die nachfolgende Liste hilft Ihnen bei der Prüfung, ob die vorliegenden Texte tatsächlich das sind, was Sie momentan für Ihre Zielgruppe brauchen. Der Agentur kann die Checkliste dazu dienen, die entwickelten Entwürfe (vor der Präsentation!) dahin gehend zu prüfen, ob sie die Anforderungen ihres Kunden erfüllen. Für beide Anwender ersetzt diese Liste nicht die Checkliste vor dem Druck. Vielmehr dient sie der inhaltlichen und stilistischen Prüfung.

CHECK **CHECKLISTE: KONZEPTION II** CD-ROM

	ja	nein
Stimmt das Ergebnis mit den im anfänglichen Briefing definierten Anforderungen überein?	☐	☐
Ist Ihre Initialidee noch enthalten?	☐	☐

	ja	nein
Wenn Abweichungen bestehen, sind diese begründet und nachvollziehbar?	☐	☐
Haben Sie Ihre Zielgruppe klar definiert?	☐	☐
Entspricht das Schreiben dem Geschmack und den Erwartungen der anvisierten Zielgruppe?	☐	☐
Reizt die Headline zum Einstieg in das Mailing?	☐	☐
Kommen Sie gleich auf den Punkt?	☐	☐
Verstärkt das PS die gewünschte Reaktion?	☐	☐
Ist der Inhalt von Headline und PS auf einen Blick erfassbar?	☐	☐
Sind Ansprache und Grußformel persönlich gewählt?	☐	☐
Ist die Perspektive auf den Kunden gerichtet?	☐	☐
Kommt der Kundennutzen beim Leser an?	☐	☐
Sind die Aussagen kurz und präzise?	☐	☐
Bleiben für den Empfänger noch Fragen offen?	☐	☐
Weiß der Empfänger, was er nun zu tun hat?	☐	☐
Passen die Response-Möglichkeiten zu den Gewohnheiten und zur technischen Ausstattung der Zielgruppe?	☐	☐

	ja	nein
Ist das Angebot attraktiv genug für den Empfänger?	☐	☐
Ist der offerierte Mehrwert ausreichend?	☐	☐
Ist die Mischung von emotionaler und rationaler Ansprache gelungen?	☐	☐
Sind die Kerninformationen leicht erfassbar?	☐	☐
Gibt es Widersprüche?	☐	☐
Sind alle wichtigen Argumente enthalten und klar verständlich?	☐	☐
Wurden die wichtigsten Punkte deutlich hervorgehoben?	☐	☐
Sind die Richtlinien der CI und des CD berücksichtigt?	☐	☐
Sind evtl. verwendete Bilder aussagestark und leicht erfassbar?	☐	☐
Passt der Schreibstil zur Zielgruppe?	☐	☐
Ist die Sprache natürlich und bildhaft?	☐	☐
Wurden Fremdwörter und Negativ-Formulierungen vermieden?	☐	☐
Wird der Leser ausreichend zur Reaktion motiviert?	☐	☐
Wurde an einen Ansprechpartner gedacht?	☐	☐
Wurde handschriftlich unterzeichnet?	☐	☐

	ja	nein
Ist die Position des Unterzeichners genannt?	☐	☐
Transportiert das Anschreiben die Persönlichkeit des Absenders?	☐	☐
Bleibt die Spannung zum Weiterlesen für den Empfänger bis zum Schluss erhalten?	☐	☐
Gibt es beim lauten Vorlesen noch Stolperstellen?	☐	☐
Gibt es Stellen, an denen Sie als Empfänger zweifeln oder widersprechen würden?	☐	☐
Sind die Inhalte auf rechtliche Unbedenklichkeit geprüft?	☐	☐
Wurden Variationen für einen Testversand entworfen?	☐	☐
Wurde mit dem ersten Mailing bereits eine Strategie für Folge-Mailings entwickelt?	☐	☐
Kann der Empfänger sich einfach mit einem „Nein" entziehen?	☐	☐
Haben Sie ihm die Entscheidung leicht gemacht?	☐	☐
Findet er seine gewünschte Antwortmöglichkeit auf Anhieb?	☐	☐

PRÜFEN DES FERTIGEN MAILINGS ACHTUNG

Zeigen Sie es vielen Leuten, aber übernehmen Sie nicht deren Meinung!

Bleiben Sie bei Ihrer Aussage, die Ihr Anliegen im Kern vermittelt. Das ist Ihre persönliche Botschaft an die Empfänger – nicht die Ihrer Testleser. Diese würden natürlich manches anders machen, aber es ist schließlich *Ihr* Schreiben, und es ist *Ihre* Aufgabe, *Ihre* Botschaft so glaubwürdig und kohärent wie möglich zu verfassen. Und dazu muss das Schreiben *Ihrer* Persönlichkeit und Philosophie entsprechen. Finden Sie sich und Ihr Anliegen darin wieder?

Was Sie jedoch durchaus tun sollten, ist zu prüfen, ob Ihr Schreiben die geäußerten Bedenken und Wünsche berücksichtigt. Auch sollten keine Verständnisprobleme auftauchen. Gegebenenfalls können Sie diesbezüglich Änderungen vornehmen, um wichtige Aspekte aus der Leserperspektive nicht zu übersehen – aber bleiben Sie bei Ihrer persönlichen Aussage.

Erinnern Sie sich? Ganz zu Beginn dieses Buches haben Sie Ihre persönliche Initialidee definiert. Hoffentlich ist deren Geist bis hierher unverfälscht geblieben. Immerhin stand sie für Ihre ganz persönliche Motivation, eine Mailing-Aktion durchzuführen. Wenn Sie davon abgerückt sind, sollte es gute Gründe dafür geben.

Ihre Checkliste vor dem Druck

Bevor Ihr Meisterwerk zum Druck geht, checken sie noch einmal alles durch. Nach der vielen Arbeit wäre es zu schade, den entscheidenden Fehler erst nach dem Druck zu finden!

ACHTUNG **ZEIT SCHAFFT ABSTAND**

Drucken und versenden Sie ein Anschreiben nie direkt nach dem Verfassen. Lassen Sie es noch einen Tag liegen. Mit dem nötigen Abstand werden Sie dann einige Passagen entdecken, die noch zu schleifen sind. Lesen Sie den Brief nach der Überarbeitung laut vor und prüfen Sie, ob der Text noch flüssig klingt.

CD-ROM

CHECKLISTE: VOR DEM DRUCK

CHECK

	ja	nein
Ist das Adressmaterial vollständig, aktuell und geprüft?	☐	☐
Stimmen die Adressdaten: auf dem Umschlag, im Adressfeld und in der Anrede?	☐	☐
Ist der Umschlag zielgruppengerecht gestaltet?	☐	☐
Wurde das richtige Briefpapier ausgewählt?	☐	☐
Stimmt das Datum auf dem Anschreiben?	☐	☐
Ist die Schrift gut lesbar?	☐	☐
Ist die Druckvorlage von guter Qualität?	☐	☐
Wie wirkt das Gesamtbild des Mailings?	☐	☐
Sind die Absätze übersichtlich gegliedert?	☐	☐
Sind alle Kontaktdaten enthalten, richtig und leicht zu finden?	☐	☐
Ist der Absender erkennbar?	☐	☐
Ist ein Antwortelement beigefügt?	☐	☐
Ist es leicht verständlich und schnell auszufüllen?	☐	☐
Enthält es alle vertragsrelevanten Angaben?	☐	☐

	ja	nein
Wurde eine Garantie oder ein Rücktrittsrecht gewährt?	☐	☐
Stimmen Rechtschreibung und Interpunktion?	☐	☐
Haben mindestens zwei Personen Korrektur gelesen?	☐	☐
Spricht etwas gegen einen sofortigen Versand, gibt es einen günstigeren Zeitpunkt?	☐	☐
Wann sollen die Empfänger das Mailing auf dem Tisch haben?	☐	☐
Soll es eine Nachfass-Aktion geben (schriftlich/telefonisch)?	☐	☐

Nun sollte an alles gedacht sein. Die Produktion kann anlaufen. Mit Spannung werden Sie die ersten Reaktionen auf Ihre Aussendung erwarten. Und die sollten nicht lange auf sich warten lassen. Viel Erfolg!

Onlinebriefe – E-Mail und Newsletter

Im Internet-Zeitalter bietet es sich an, die klassischen Kanäle durch Kundenanschreiben per E-Mail zu ergänzen. Und auch Newsletter haben sich inzwischen als beliebtes Instrument zur Information und Kontaktpflege etabliert. Das letzte Kapitel dieses Ratgebers widmet sich daher den folgenden Themen:

- Vor- und Nachteile der elektronischen Post
- Wie werden diese Medien wahrgenommen?
- Wie erzielen Sie die Zustimmung der Empfänger?
- Wie können Sie Ihre Botschaften von unerwünschter Spammail unterscheidbar machen?
- Tipps zu Gliederung, Format und Anhängen

Ein Großteil der Akquise und Kundenkontakte verläuft heute über das Internet. Die wesentlichen Instrumente sind hierbei E-Mail und Newsletter. Die Vorteile liegen auf der Hand:

- Sie sind leicht und schnell zu generieren,
- kostengünstig in Herstellung und Versand,
- bieten schnelle Informationsübertragung und
- leichte Antwortmöglichkeit für den Empfänger.

Die Nachteile sind:

- geringe Wertigkeit, da nicht-physisch,
- leicht zu übersehen,
- schnell gelöscht,
- geringer Lesekomfort am Bildschirm sowie
- Darstellungsprobleme: Je nachdem, welche Empfänger Sie erreichen wollen, ist eventuell deren Hardware- und Software-Ausstattung zu berücksichtigen, damit Ihre Mails auch von allen gelesen werden können.

So stellt sich grundsätzlich die Frage, ob nur reiner Text versandt werden soll oder (auch) HTML-Format. Im Zweifelsfall sind Sie mit einfachen, aber interessanten Texten erfolgreicher als mit einem aufwendigen Layout, das von einfachen Mailprogrammen gar nicht angezeigt werden kann. Falls Sie in HTML formatieren, verwenden Sie einen einfachen Editor und senden Sie beide Formate, sodass der Empfänger mindestens eine lesbare E-Mail angezeigt bekommt.

So wird Ihr Onlinebrief wahrgenommen

Für E-Mail und Newsletter gleichermaßen zu berücksichtigen ist die erste Wahrnehmung seitens des Empfängers: Die Antwort auf die Frage nach dem Woher sollte aus dem Absender hervorgehen. Hier kann auf zweierlei Arten Vertrauenswürdigkeit signalisiert werden: einerseits durch die Bekanntheit der Second-Level-Domain wie z. B. haufe.de oder nivea.de, andererseits durch die Nennung Ihres ganzen Namens in der E-Mail-Adresse: jakob.jährling@haufe.de oder astrid.amtmann@hp.com wirken persönlicher als info@qzy.net oder b@zickly.de. Ebenso ist es vorteilhaft, wenn im Anschriftenfeld der ganze Name des Empfängers erscheint (Volker.Volkmann <v.volkmann@firma.de>), denn das deutet auf einen bereits bestehenden Kontakt hin.

Ein weiterer wichtiger Aspekt der Kontaktgestaltung ist, ob und wie Ihr Empfänger antworten kann. Ist eine Person im Absender genannt, fällt die Antwort durch Klick auf den Antworten-Button im Mailprogramm leicht, ebenso die Anrede. Wenn Sie „eine automatisch generierte Mail ohne Antwortmöglichkeit" versenden, sollten Sie im Text unbedingt darauf hinweisen bzw. bei unpersönlichem Absender (info@firma.de) im Schreiben die jeweiligen Ansprechpartner mit E-Mail-Adresse nennen:

ANSPRECHPARTNER NENNEN BEISPIEL

■ Einrichtungsberatung:	Hermann Helferich	h.helferich@firma.de
■ Küchenstudio:	Tamara Terrakotta	t.terrakotta@firma.de
■ Gartenmöbel:	Gundolf Geranien	g.geranien@firma.de
■ Finanzierungen:	Josefine Jackpot	j.jackpot@firma.de

Die zentrale Frage für den Empfänger lautet: Bringt mir das Lesen der E-Mail was? Können Sie hierauf eine positive Antwort geben, haben Sie eine wesentliche Hürde im Kampf um die Aufmerksamkeit Ihrer Empfänger genommen. Der richtige Ort hierfür ist der Betreff. Ist darin ein klarer, relevanter Nutzen angedeutet, wird das mit ziemlicher Sicherheit zum Öffnen und Lesen Ihres Anschreibens führen. Die Relevanz ist für den Empfänger von zentraler Bedeutung, daher bemühen Sie sich, diese bereits von außen sichtbar zu machen.

ACHTUNG

TESTAUSSENDUNG

Wenn Sie mehrere attraktive Betrefftexte haben, testen Sie diese doch einfach in einer kleinen Testaussendung: Am jeweiligen Rücklauf ist leicht zu erkennen, welche Argumentation für Ihre Empfänger am attraktivsten ist.

Im Betreff zu vermeiden sind reißerische Formulierungen, Unverständliches, viele Ziffern, Ausrufezeichen, Währungen (als Zeichen und ausgeschrieben) sowie Wörter in Großbuchstaben. Personalisierte Betreffzeilen sind problematisch, denn gerade von Spammern wird gerne einfach die E-Mail-Adresse (mit dem Namen des Empfängers) in die Betreffzeile eingefügt, um die Spammail persönlicher erscheinen zu lassen. So laufen Sie Gefahr, gerade durch die Personalisierung des Betreffs im Spamfilter hängen zu bleiben. Andererseits ist der eigene Name für die meisten Empfänger ein starkes Indiz für persönlich relevante und wichtige Informationen, und somit ein wirkungsvolles Instrument zur Erhöhung der Öffnungsrate. Es gilt im Einzelfall zu entscheiden, ob eine Personalisierung unbedenklich und vorteilhaft ist.

E-Mail und Newsletter sind im Bedarfsfall schnell erstellt und schnell versandt. Doch lassen Sie sich dadurch nicht zu einem hastigen Schnellschuss verführen, nehmen Sie sich vielmehr ausreichend Zeit für die Ausarbeitung. Denn allzu leicht wird ein wichtiges Argument übersehen, bleibt ein möglicher Einwand Ihrer Leser unberücksichtigt, und wie beim klassischen Anschreiben gilt es auch in einer E-Mail, unerwünschte Botschaften zwischen den Zeilen zu vermeiden. Ein gutes Mailing fördert Ihr Image, wie ein schlechtes ihm schadet.

Ebenso ist davon abzuraten, mit einem Bombardement von Werbemails einen hohen Werbedruck auf die Empfänger aufzubauen, nur weil dies günstig realisierbar ist. Zumindest langfristig scheitert dieses Bemühen und schadet Ihrem Unternehmen. Folgen Sie lieber dem umgekehrten Weg, nämlich zunächst einen Dialog mit Ihren potenziellen Kunden aufzubauen.

ERST KONTAKT AUFBAUEN

ACHTUNG

Der Erstkontakt hat nicht den Verkauf zum Ziel, sondern den Aufbau einer Beziehung zwischen Kunde und Unternehmen. Wecken Sie Interesse und kommunizieren Sie den Kundennutzen. Bauen Sie Vertrauen auf, indem Sie explizit die Erlaubnis zum Folgekontakt einholen. Auf dieser Basis bieten Sie Ihren Empfängern einen reizvollen Mehrwert, der bewirkt, dass sich Ihre Mail- bzw. Newsletter-Empfänger schon auf Ihr jeweils nächstes Schreiben freuen.

Das Internet ist ein schnelles Medium, der Nutzer möchte schnell informiert und nicht lange aufgehalten werden. Bieten Sie ihm daher Texte, die sich leicht aufnehmen lassen, mit einfachen Sätzen und klaren Aussagen. Gehen Sie dabei sprachlich auf Ihre Empfänger ein, indem Sie eine passende Tonalität wählen. Beachten Sie dabei, dass offensichtliche Werbeelemente im Internet gerne weggeklickt, überlesen und ausgefiltert werden. Erwartet und akzeptiert wird vielmehr ein sachlich-informativer Stil, der ohne verkäuferische Anpreisungen auskommt.

ONLINE @ RAT

CLUETRAIN-MANIFEST

Interessante Impulse für das Wording im Internet geben die 95 Thesen des Cluetrain-Manifests, das Sie unter www.cluetrain.de finden.

Auch für Ihre elektronische Post stellt sich die Frage nach der idealen Versendezeit. Für B2C-Mails gibt es keine eindeutige Antwort, denn je nach Nutzerverhalten Ihrer Empfänger gilt es herauszufinden, wann diese online und ansprechbar sind. Sie können hierzu die beliebtesten Besuchszeiten auf Ihrer Website ermitteln und Ihre Mails kurz davor versenden, damit die enthaltenen Informationen noch gegenwärtig sind, wenn die Besucher sich einloggen. Im B2B-Kontakt bietet sich der spätere Vormittag, weil dann nach dem Löschen der nächtlichen Spamflut und dem Abarbeiten der wichtigsten Mails die Bereitschaft für neue Inhalte am größten ist. Insbesondere die Wochentage Dienstag bis Freitag sind hier zu bevorzugen.

Tipps für Ihre E-Mails

Hinsichtlich Ihrer Einstellung gegenüber Ihren Empfängern, Ihres Selbstverständnisses und Ihrer Ziele gelten die gleichen Zusammenhänge wie bei den Briefen. Authentizität, Offenheit, Ehrlichkeit, Augenhöhe und Kohärenz sind auch online wirksam. In einigen Punkten unterscheiden sich die Online-Anschreiben jedoch von ihren Offline-Pendants.

Kürze und Übersicht

Zwar steht auf dem Screen theoretisch unbegrenzter Raum zur Verfügung, sodass die Begrenzung auf eine „Seite" (Screen) nicht erforderlich scheint. Jedoch kann das Lesen am Bildschirm abhängig von Größe, Auflösung, Einstellung und Qualität des Monitors recht ermüdend sein. Begrenzen Sie sich daher auf das Wesentliche Ihrer Botschaft und bieten Sie die Möglichkeit das jeweilige Thema über einen weiterführenden Link zu vertiefen.

Die Sinne ansprechen

Ein weiterer Unterschied besteht darin, dass das Internet interaktive und multimediale Möglichkeiten bietet. Von diesen Möglichkeiten muss man nicht, kann man aber durchaus Gebrauch machen. Auf E-Mails bezogen bedeutet das, die Inhalte über Links zu Bildern, Videos oder Audiodateien multisensual zu bereichern. Fühlen, Riechen und Schmecken sind zwar noch nicht möglich, aber diese Sinne kann man durch entsprechend gestaltete Texte, Bilder und Töne sehr wohl auch ansprechen.

Einfach, aber wirkungsvoll gestalten

Der Nachteil einer reinen Textmail ist, dass sie recht neutral daherkommt. Umso wichtiger ist ein gutes Textlayout. Das betrifft die Schriftart und Schriftgröße ebenso wie Zeilenlänge und Absatzbildung. Gliedern Sie durch Spiegelstriche, heben Sie zentrale Inhalte beispielsweise durch eine zentrierte Positionierung hervor. Neben der namentlichen Anrede des Empfängers verleiht ein persönlicher Gruß mit Ihrem Namen und den vollständigen Kontaktdaten einer Text-Mail eine persönlichere Note. Diese lässt sich durch einen sprechenden Schreibstil noch erhöhen. Gemeint ist damit ein Stil, der Ihrer Art zu sprechen entspricht, sodass Ihre Leser Sie quasi sprechen hören und Ihre Wesensart in den Zeilen wiedererkennen.

HTML bietet Möglichkeiten

Die Versendung im HTML-Format bietet Ihnen zwar attraktive Gestaltungsmöglichkeiten wie Farbe, Hintergrund, Bilder, Logos, Grafiken etc., jedoch haben einfache Mailprogramme Probleme mit der Darstellung solcher Mails. Es ist daher immer zu erwägen, in welchem Format Sie Ihre E-Mails versenden. In der B2B-Kommunikation sollte das HTML-Format inzwischen allgemein gelesen werden können.

Vorsicht mit Anhängen

Anhänge können manchmal erforderlich oder zumindest vorteilhaft für Ihr Anliegen sein. Viele Mail-Server filtern Mails von unbekannten Absendern mit Anhängen jedoch als unerwünschte Sendungen aus. Bedenken Sie, dass Ihre Empfänger ein großes Interesse daran haben, ihr System vor Viren, Malware, Spyware und anderen Schädlingen aus dem Internet zu schützen. Speziell Anhänge mit ausführbaren Dateien sind hier eine große Gefahrenquelle. Im Zweifelsfall wird Ihre Mail daher nicht geöffnet, sondern ungelesen gelöscht. Wenn Sie also Anhänge mit Ihrer Mail versenden wollen, wählen Sie ausschließlich das PDF-Format, da dieses allgemein als „sauber“ bekannt ist. Bedenken Sie auch, dass zuweilen mehrere Anhänge in einem komprimierten Ordner (ZIP o. Ä.) zusammengefasst werden und der Empfänger nicht erkennen kann, welche Dateien sich darin verbergen. Am einfachsten ist, Sie verzichten komplett auf Anhänge, um unnötige Komplikationen zu vermeiden, insbesondere wenn Sie den Empfängern noch nicht bekannt sind.

Mehrwert herausstellen

Um zu erreichen, dass Ihre E-Mail positiv aufgenommen wird und Ihre Adresse Eingang in das Adressbuch des Empfängers findet, ist es hilfreich, sich Gedanken über einen Mehrwert für den Empfänger zu machen. Dies kann ein guter Tipp sein, ein inspirierender Gedanke, ein Link zu einer informativen Seite, etwas Heiteres, ein Gutschein etc. Dadurch heben Sie sich von der Masse der verkaufsorientierten Mails ab und signalisieren eine unterstützende, nützliche, kooperative Haltung.

Umgehend antworten

Wenn Sie eine E-Mail erhalten, so antworten Sie möglichst noch am gleichen, spätestens am nächsten Tag. Dies zeigt dem Absender, dass er Ihnen wichtig ist. Umgekehrt zeigen Sie mit einer ausbleibenden Antwort, dass der Absender Ihnen keine halbe Minute wert ist, um ihm eine kurze Antwort zukommen zu lassen. Ausnahmen von dieser „Antwortpflicht" sind Glückwünsche, unangeforderte Infomails, Rechnungen und Schriftwechsel, bei denen Sie miteinander bereits zu einem abschließenden Punkt gelangt sind. Speziell aber Mails, die Fragen an Sie enthalten, sollten bevorzugt beantwortet werden. Wenn Sie außer Haus sind, hilft eine Out-of-office-Notiz den Absender darüber zu informieren, wann Sie wieder erreichbar sein werden.

Mail-Etikette

Als Anrede hat sich im E-Mail-Verkehr die Form „Hallo Herr/Frau XY" als Standard etabliert. Gegenüber dem Brief-Standard „Sehr geehrte/r Frau/Herr XY" ist diese Anrede deutlich legerer. Daher lautet die Empfehlung, den Brief-Standard zumindest beim Erstkontakt auch online anzuwenden. Wenn man sich kennengelernt hat und eine freundliche Atmosphäre im Mailaustausch entstanden ist, kann man immer noch zu einem lockereren Stil wechseln. Dabei sind die Regeln in etwa die gleichen wie beim Anbieten des Du: der Ranghöhere, der Auftraggeber, der Ältere, die Dame entscheidet, ob und wann der Stil ins Vertraulichere wechselt. Einem solchen Angebot sollten Sie auch folgen, sonst könnte Ihr Beharren auf dem förmlichen „Sehr geehrte ..." als distanzierend oder steif ausgelegt werden.

Respekt und Höflichkeit

Wichtig ist bei aller „zurufartigen" Lockerheit des Hallo-Stils, Ihren Respekt gegenüber dem Kommunikationspartner zum Ausdruck zu bringen. Um hier das rechte Maß zu finden, lesen Sie Ihre Mails laut vor und fragen

Sie sich, wie Sie selbst als Empfänger darauf reagieren würden. Grundsätzlich gewinnen Sie auch in Ihren E-Mails durch Freundlichkeit – „hat alles ganz hervorragend geklappt“ und ein ehrliches „Danke für Ihre ...“ sind nie verkehrt. Wenn Sie eine Anfrage nicht sofort bedienen können, informieren Sie den Absender über die Situation und stellen einen realistischen, möglichst nahen Termin in Aussicht. Offenheit, Ehrlichkeit und Kundennähe sind auch im Internet-Business unverzichtbar, wenn Sie langfristig Erfolg haben wollen.

Tipps für Ihre Newsletter

Poleposition

Die Bereitschaft, einen Newsletter vollständig zu lesen, können Sie nicht bei allen Empfängern voraussetzen. Beginnen Sie daher stets mit der wichtigsten Meldung. Auch wer nur kurz in Ihren Newsletter schaut, soll die wesentliche Botschaft mitbekommen.

Interessante Inhalte

Um auch zum zweiten, dritten und vierten Mal gelesen zu werden, müssen Ihre Newsletter in jeder Ausgabe mindestens ein interessantes Thema haben. Ist dies nicht der Fall, wird Ihr Newsletter nicht unbedingt gleich abbestellt, aber vielleicht nicht mehr gelesen. Berücksichtigen Sie dabei auch, dass Ihre Empfängergruppe möglicherweise recht heterogen sein kann, beispielsweise hinsichtlich des Alters oder des Geschlechts. Hier gilt die Regel: Nicht alles muss jeden interessieren, aber für jeden sollte etwas Interessantes dabei sein.

Hierarchischer Aufbau

Reißen Sie jedes Thema in wenigen informativen Sätzen an und bieten Sie interessierten Lesern dei Möglichkeit, dieses Thema über einen Klick auf <mehr> zu vertiefen. So erhalten Ihre Leser einen schnellen Überblick über das gesamte Themenspektrum und finden gleich zu den für sie relevanten Informationen.

Links

Ihre Leser sollten für alles, das sie interessiert, einen Link vorfinden, der direkt (!) zu vertiefenden Informationen (auf Ihrer Website) führt. Denken Sie daran, die Verlinkung an mehreren Stellen anzubieten, sodass Ihr Leser nicht erst suchen muss, wie er zu weiteren Informationen gelangt, sondern intuitiv wahlweise auf das Bild, die Überschrift, den Textlink oder den zugehörigen Menüpunkt klicken kann. Öffnen Sie jeden Link in einem neuen Fenster, damit Ihre Leser die Orientierung behalten und schnell wieder zur Mail zurück finden.

Kontaktdaten

Mit ausführlichen Kontaktdaten heben Sie sich nicht nur deutlich von anonymen Spammails ab, sondern bieten Ihren Lesern auch individuelle Wege zur Kontaktaufnahme. Vielleicht möchte jemand kurz per Telefon nachfragen oder Ihnen ein Fax senden.

Abbestellung und Empfehlung

Ganz abgesehen davon, dass es Ihnen nichts bringt, viele Empfänger auf Ihrer Verteilerliste zu haben, die kein Interesse an Ihren Inhalten haben, hilft es Ihnen umgekehrt, wenn sich Uninteressierte möglichst leicht abmelden können. Denn dann wissen Sie genauer, wer Ihre wirklichen Kunden sind. Am besten positionieren Sie einen gut erkennbaren Link am Ende Ihres Newsletters. Die Verlinkung sollte direkt zu einem Bestätigungsfeld führen, über das der Empfänger sich mit einem Klick aus der Liste austragen kann. Zufriedene Leser sollen jedoch ebenfalls aktiv werden können. Setzen Sie hierzu am Ende des Newsletters auch einen selbstbewussten Empfehlungsbutton, der zur Eingabe einer E-Mail-Adresse führt, an die Ihr zufriedener Leser den Newsletter empfehlen möchte. Setzen Sie aber bei dem neuen Empfänger nicht automatisch Interesse voraus, sondern informieren Sie ihn über die Empfehlung und holen sein explizites Einverständnis für weitere Ausgaben ein.

Umfragen

Ein ideales Mittel, um Feedback auf die gewählten Inhalte zu bekommen, sind gelegentliche Online-Umfragen. Darin können Sie Ihre Empfänger auch Wunschthemen angeben lassen sowie den gewünschten Umfang und die Frequenz des Newsletters. Das Umfrageergebnis erhalten Ihre Leser dann im nächsten Newsletter.

Fortsetzungen

Grundsätzlich ist zu überlegen, ob sich bestimmte Inhalte als Folgen oder Fortsetzungen konzipieren lassen. Diese bilden einen thematischen Bogen von einem Newsletter zum nächsten und halten Ihre Leser „bei der Stange", denn wer möchte schon Teil 5 von „Neue Marketingtrends" oder „Fahrradtechnik für Profis" versäumen, wenn er bereits vier Teile archiviert hat!

Datenschutz

Informieren Sie Ihre Abonnenten von Anfang an, was mit ihren Daten geschieht. Wenn Ihre Empfänger erkennen, dass Sie verantwortungsbewusst mit ihren Daten umgehen, werden sie das nötige Vertrauen in den Kontakt entwickeln. Lassen Sie sich auch aus diesem Grund die Bestellung des Newsletters vom Empfänger bestätigen. Die Optionen sind hierbei Confirmed Opt-In und Double Opt-In. Beim Confirmed Opt-In erhält der neue Abonnent umgehend eine Bestätigungsmail, über die er seine Bestellung zugleich mit einem Klick widerrufen kann; beim Double Opt-In wird er aufgefordert, die Bestellung nochmals durch einen Klick zu bestätigen. Je aktiver Ihr Newsletter-Empfänger diesen ordert, umso weniger empfindet er diesen als (unerwünschte) Werbung und umso mehr als (gewünschte) Information.

Personalisierung

Eine persönliche, namentliche Anrede wirkt auch im Newsletter näher und vertrauter als ein „Liebe Kundinnen und Kunden" oder ein „Sehr geehrter Empfänger". Nutzen Sie daher die Möglichkeit der namentlichen Anrede, möglichst gekoppelt mit individuell zugeschnittener Information. So ergibt es wenig Sinn, einen Kunden, der gerade ein Auto gekauft hat, über andere Modelle des Herstellers zu informieren – aber passendes und sinnvolles Zubehör zum gekauften Modell dürfte durchaus auf Interesse stoßen.

Anhänge

Auch beim Newsletter sollten Sie auf Anhänge möglichst ganz verzichten. Zulässig ist allenfalls ein einzelnes PDF-Dokument, das für die Empfänger eindeutig als solches erkennbar ist. Dieses kann zusätzliche Informationen enthalten oder auch eine gestaltete Version Ihrer einfachen Textmail sein – zum komfortablen Lesen und Abspeichern.

ONLINE @ RAT **WEITERFÜHRENDE INFORMATIONEN**

Weiterführende Informationen, insbesondere zu technischen Details und zur Gestaltung von Mail-Aussendungen bietet Torsten Schwarz unter www.absolit.de. Der Spezialist in Sachen Online-Marketing hält neben hilfreichen Checklisten für erfolgreiche E-Mailings auch Studien zu aktuellen Marketingtrends bereit. Weitere wertvolle Informationen rund um das Marketing im Internet bietet Torsten Schwarz auf der Site www.online-marketing-experts.de.

Den „177 Tipps für richtiges E-Mail-Marketing“ von Torsten Schwarz ist das folgende zum Nachdenken (und vielleicht auch zur Diskussion) anregende Zitat entnommen, das zugleich ein schönes Schlusswort für diesen Ratgeber bietet: „Wenn Sie die Sinne ansprechen wollen und mit Ihrem Mailing aus der Masse herausstechen und positiv auffallen wollen, dann vergessen Sie E-Mails. Wenn Sie viele und komplexe Inhalte dem Empfänger schmackhaft servieren möchten, dann wählen Sie Printmedien.“ (Tipps 145/146 in DMMV-Praxishandbuch E-Mail-Marketing)

Zusammenfassend geht es hier also nicht um die Frage des „Entweder-Oder“, sondern darum, die Stärken des jeweiligen Mediums zu nutzen und die klassischen Anschreiben durch elektronische Post sinnvoll zu ergänzen. Die Regeln sind Ihnen bekannt – viel Erfolg bei deren Anwendung!

Glossar

Adressenverlage:

Anbieter von Adressen, selektiert nach Gebiet und/oder Zielgruppe

B2B – Business to Business:

Korrespondenz und Geschäfte zwischen Unternehmen

B2C – Business to Consumer:

Korrespondenz und Geschäfte zwischen Unternehmen und Endverbraucher

Bounces:

Rückläufer, unzustellbare E-Mails. Aussendungen mit hohem Rückläufer-Anteil wecken den Verdacht von Spam.

Brainstorming:

Unzensierte Ideensammlung. Man notiert einfach alle Einfälle, ohne diese zu bewerten. Durch spontanes, unreflektiertes Antworten werden Assoziationen deutlich und Bezüge zu anderen Bereichen sichtbar.

Break-even:

Der Break-even kennzeichnet den Punkt, ab dem die Kosten einer Aktion durch die Einnahmen gedeckt sind, und damit den Eintritt in die Gewinnzone.

Briefing:

Einweisungsgespräch, in dem der Auftraggeber wichtige Informationen und Instruktionen zu der durchzuführenden Aufgabe an die Auftragnehmer weitergibt.

Bullet Points:

Gliederungspunkte am linken Textrand

Callcenter:

Innerbetriebliche oder externe Telefonzentrale. Hier werden die telefonischen Rückläufe einer Werbeaktion von geschulten Fachkräften entgegengenommen. Die Anrufer werden beraten und können hier direkt eine Bestellung oder Beschwerde aufgeben (inbound). Umgekehrt bieten Callcenter auch aktives Telefonmarketing, d. h. Ihre Kunden oder Kontaktadressen werden angerufen und nach ihrem Interesse hinsichtlich Ihrer Waren und Dienstleistungen gefragt (outbound).

Confirmed Opt-In:

Der Interessent erhält auf seine Anmeldung für einen Newsletter o. Ä. eine Bestätigungsmail, die ihm einen Widerruf anbietet.

Copy:

Der Text in einer Anzeige oder in einem Mailing. Longcopy steht für Fließtext, Copywriter ist der Werbetexter.

Corporate Identity (CI):

Alles, was das Credo des Unternehmens ausmacht – die Unternehmenspersönlichkeit, das Selbstverständnis. Hier geht es um die grundsätzliche Position des Unternehmens, um seine Philosophie.

Corporate Design (CD):

Hierunter versteht man den optischen Auftritt, das Erscheinungsbild des Unternehmens von der Geschäftsausstattung über die Internetpräsenz bis hin zur Fahrzeug- und Gebäudegestaltung. Das Wiedererkennen des Unternehmens und seiner Marken stehen hierbei im Vordergrund.

Cost per Interest (CpI):

Gesamtkosten der Aktion geteilt durch die Anzahl der gewonnenen Interessenten

Cost per Order (CpO):

Gesamtkosten der Aktion geteilt durch die Anzahl der Besteller

Direct Mailing:

Ein Mailing kann auch einen Prospekt oder Katalog zum Inhalt haben, meist meint der Begriff jedoch den Werbebrief und die damit verbundene Aktion. Der Kunde wird über ein besonderes Angebot informiert und kann ggf. mit einer Antwortkarte per Post, Fax, E-Mail oder telefonisch ordern bzw. weiteres Informationsmaterial anfordern.

Direct Marketing:

Direktkontakt und -vertrieb an den Endkunden ohne Zwischenhändler, Makler oder Läden. Hierzu zählen Mailing-Aktionen, Telefonmarketing, Reaktionen auf Werbespots per Telefon und die Direktbestellung per Internet.

Double Opt-In:

Der Interessent muss seine Anmeldung für einen Newsletter o. Ä. ein zweites Mal aktiv bestätigen.

Dubletten:

Doppelte Adressdatensätze. Diese können völlig identisch sein oder kleine Abweichungen aufweisen. Letztere sind oft schwer zu finden.

Durchschuss:

Zeilenabstand

Eyecatcher:

Blickfang. Eyecatcher sollen die Aufmerksamkeit des Empfängers auf sich ziehen und neugierig auf die Werbebotschaft machen. Hierfür eignen sich Bilder, Stempel, Aufkleber, farbige Schrift und Rahmen.

Flyer:

Eine Broschüre im Kleinformat, oft DIN A4 quer, zweifach gefaltet in Zickzack-, Wickel- oder Altarfalz, meist passend für die üblichen Fensterkuverts im Format DIN lang. Flyer enthalten die wichtigsten Informationen zum Unternehmen und/oder zum Produkt in Kurzform.

Fulfilment:

Komplettabwicklung z. B. einer Mailing-Aktion. Vom Personalisieren bis zum Warenversand kann inzwischen fast jede Leistung nach außen vergeben werden (Outsourcing).

Gimmick:

Spaßiger Einfall, Werbetrick

Headline:

Überschrift, Schlagzeile

Inbound:

Telefonische Reaktionen z. B. auf eine Mailing-Aktion werden von einem Callcenter entgegengenommen. Praktisch, um nicht selbst (kurzfristig) Überkapazitäten bereitstellen zu müssen.

Incentive:

Anreiz, Prämie für Mitarbeiter, Kunden und Vertriebspartner

Kaltakquise:

Erstkontakt bei der Neukundengewinnung

Konfektionierung:

Briefe und Beilagen werden kuvertiert, adressiert, freigemacht, sortiert und ausgeliefert.

Layout:

Anordnung von Texten, Bildern und gestalterischen Elementen

Lettershop:

Der Lettershop kümmert sich um die Personalisierung und Konfektionierung von Werbebriefen. Besonders Mehrfach-Personalisierungen in Adressfeld, Anrede, Fließtext, persönlichem Gutschein und Antwortkarte stellen hohe Anforderungen an die Arbeitsorganisation.

Listbroker:

Spezialisierte Vermittler von Adressmaterial, beraten auch hinsichtlich Auswahl und Abgleich der Daten.

Marginaltexte:

(Oft handschriftliche) Anmerkungen am Seitenrand zum nebenstehenden Inhalt

Marketing:

Unter Marketing versteht man die Ausrichtung des Angebots an den Bedürfnissen der Kunden. Das reicht von der Produktgestaltung über die Verpackung und Verkaufseinheit bis hin zum Image und dessen Vermittlung.

Nixies:

„Unzustellbar"-Adressen, sollten im Adressbestand gelöscht werden

Outbound:

Ausgehende Anrufe beim Telemarketing, beispielsweise als Nachfass-Aktion nach einem Werbebrief oder zur Abfrage der Kundenzufriedenheit. Gegenteil: Inbound.

Outsourcing:

Auslagerung von Tätigkeiten aus dem eigenen Unternehmen und Beauftragung von Fremdfirmen. Gründe hierfür können sein: Einsparungen, Kompetenz, Ablaufoptimierung, Schonung eigener Ressourcen.

Personalisierung:

Anschrift und Anrede enthalten den Namen des Empfängers. Evtl. wird dieser im Text oder auf dem Response-Element zusätzlich wiederholt. Dadurch ist die Ansprache persönlicher und wird eher aufgenommen.

Positionierung:

Einordnung eines Produkts, Belegung mit Eigenschaften

Response:

Rücklauf, d. h. alles, was auf Ihre Aktion hin an schriftlichen und telefonischen Antworten zu Ihnen zurückkommt. Je qualifizierter die Adressdaten und je exakter die Zielgruppe, desto höher wird die Response-Quote (Rücklauf/Summe der Aussendungen) ausfallen.

Response-Element:

Bei Werbebriefen sind dies Antwortkarten, Faxvordrucke, Coupons, die direkt vom Empfänger ausgefüllt und zurückgesendet werden sollen. Im weiteren Sinne auch E-Mail-Adresse und Telefonnummer, über die der Interessent ebenfalls Kontakt aufnehmen kann.

Retouren:

Unzustellbare Sendungen

Return of Investment:

Erlöse abzüglich der Investitionen, monetäres Ergebnis – der eigentliche Erfolgsmesser einer Werbeaktion

Single Opt-In:

Der Interessent meldet sich einfach (ohne Rückfrage des Systems) für einen Newsletter o. Ä. an. Hier besteht die Gefahr der Fremdanmeldung.

Spam

Unerwünschte Werbe-E-Mails, meist unpersonalisierter Massenversand.

Sublines:

Unter- und Zwischenzeilen

Teaser:

„Lockmittel". Neugierig machende Aussagen, die den Leser in die Verkaufsargumentation hineinziehen sollen. Meist auf dem Kuvert oder im Briefkopf verwendet.

Telefonmarketing:

Neben Direct Mailings eine weitere Form von Direct Marketing, bei der die potenziellen Kunden von Vertriebsprofis angerufen werden.

Testimonial:

Zeugnis, Beweis. Eine (möglichst kompetente und angesehene) Person macht eine Aussage beispielsweise zur Produktqualität, oft mit Bild dargestellt.

URL:

Internetadresse der Website. In Deutschland meist in der Form www.firmenname.de oder www.firmenname.com . Für Österreich gilt statt „de“ die Endung „at“, für die Schweiz „ch“. Die Endung „com“ (commercial) ist international, ebenso „org“ (organisation) und „net“.

USP:

Unique Selling Proposition. Der zentrale Aspekt, der etwas aus der Masse der Mitbewerber und Konkurrenzprodukte hervorhebt. Das alleinstellende Verkaufsargument.

Literatur

absatzwirtschaft – Zeitschrift für Marketing: Das kostet Kommunikation, Düsseldorf, 2004.

Falkenberg, Viola: Briefe, Faxe, E-Mails, Planegg bei München, 2003.

Geyer, Helmut; Ephrosi, Luis: Crashkurs Marketing, Planegg bei München, 2003.

Hanser, Peter et al.: Das kostet Kommunikation 2004/2005, Düsseldorf, 2004.

Haubrock, Alexander; Haubrock, Sonja: Der Mythos vom König Kunde, Leonberg, 2006.

Häusel, H.-G.: Brain Script, Planegg bei München, 2004.

Heller, Klaus: Reform der deutschen Rechtschreibung, Mannheim, 2002.

Neumann, Uwe; Nagel, Thomas: Professionelles Direktmarketing, München, 2006.

Ries, Al; Trout, Jack: Die 22 unumstößlichen Gebote im Marketing, München, 2001.

Scheier, Christian/Held, Dirk: Was Marken erfolgreich macht, Planegg, 2007.

Schönert, Walter: Werbung, die ankommt, Landsberg, 1996.

Schuler, Helga: Verkaufserfolg am Telefon, Offenbach, 2000.

Schulz von Thun, Friedemann: Miteinander reden II, Reinbek, 2006.

Schwarz, Torsten: DMMV-Praxishandbuch E-Mail-Marketing, München, 2003.

Schwarz, Torsten: Leitfaden eMail-Marketing und Newsletter-Gestaltung, Waghäusel, 2004.

Theato, Gerhard et al.: Adressbuch Deutschland, München, 1999.

Vögele, Siegfried: 99 Erfolgsregeln für Direktmarketing, Frankfurt, 2003.

Adressen

Verbände

Deutscher Direktmarketing Verband e. V.
Hasengartenstraße 14
65189 Wiesbaden
Postanschrift:
Postfach 20 40
65010 Wiesbaden
info@ddv.de

GWA Gesamtverband Kommunikationsagenturen
Friedensstr. 11
60311 Frankfurt am Main
Tel: 069/25 60 08-0
Fax: 069/23 68 83
E-Mail: vieregge@gwa.de
URL: www.gwa.de

Adressenlieferanten

B2B und B2C
www.acxiom.de
www.adressen-riek.de
www.az-direct.com
www.directories.de
www.koop-direktmarketing.de
www.schober.de

B2C
www.postdirect.de
www.trebbau.de

Listbroker-Suche
www.listbroker-ausschreibung.com

B2B (teilweise mit Spezialisierung)
www.ama-adress.de
www.bedirect.de
www.bvdep.de
www.dnb.com/de
www.hoppenstedt.de
www.iltisberger.de
www.jannausch.de
www.merkur-einbeck.de
www.ziegenhorn.com
www.zinsler.de

E-Mail und Newsletter
www.absolit.de

Adressdatenverarbeitung

www.omikron.net
www.feldsoft.de
www.prodata.de

Kreative

www.designerdock.de
www.dasauge.de
www.horizont.net

Anschrift des Autors

Akzent Texte
Alexander Jürries
Kirchweg 21
64625 Bensheim

Tel. 06251-703343
Fax 06251-703349
mail@akzentext.de
www.akzentext.de

Stichwortverzeichnis

Der Autor

Alexander Jürries ist seit 1993 mit eigenem Büro tätig für Unternehmen, Agenturen, Verlage und Produktionsgesellschaften. Einen Schwerpunkt seiner Arbeit bildet die stimmige Positionierung von Unternehmen und daraus abgeleitet die authentische, überzeugende Kommunikation auf allen Ebenen. Daneben vermittelt er als Drehbuchautor für interaktive Schulungsprogramme leicht verständlich zielgruppengerechtes Fachwissen.

Ebenfalls im Haufe-Verlag von ihm erschienen ist der Soft-Skills-Trainer „Anpacken statt aufschieben“. Im Dezember 2008 folgte im Eigenverlag „Das Selbstprinzip“, in dem das Thema Motivation weiter vertieft wurde.

Unter Redmark (redmark.de) veröffentlicht:
„Die Macht der Namen – der Name macht's“
„Das Geheimnis guter Protokolle“
„American German“

Weitere Informationen unter:
www.akzentext.de